绚丽甘肃
MAGNIFICENT GANSU

华夏文明之源

考 | 古 | 发 | 现

LONGMA SHIHUA

陇马史话

侯丕勋 / 主编

甘肃人民出版社

图书在版编目（ＣＩＰ）数据

陇马史话 / 侯丕勋主编. -- 兰州 ：甘肃人民出版
社，2015.10
（华夏文明之源·历史文化丛书）
ISBN 978-7-226-04847-4

Ⅰ．①陇… Ⅱ．①侯… Ⅲ．①马－文化－甘肃省
Ⅳ．①S821

中国版本图书馆CIP数据核字（2015）第237593号

出 版 人：吉西平

责任编辑：马　强

美术编辑：马吉庆

陇马史话

侯丕勋　主编

甘肃人民出版社出版发行

（730030　兰州市读者大道 568 号）

甘肃新华印刷厂印刷

开本787毫米×1092毫米　1／16　印张9.5　插页2　字数123千
2015年10月第1版　　2015年10月第1次印刷
印数：1～3 000

ISBN 978-7-226-04847-4　　定价：35.00元

华夏文明之源

《华夏文明之源·历史文化丛书》

编 委 会

主　　任：连　辑

副 主 任：张建昌　吉西平

委　　员（以姓氏笔画为序）：

马永强　王正茂　王光辉

刘铁巍　张先堂　张克非

张　兵　李树军　杨秀清

赵　鹏　彭长城　雷恩海

策　　划：马永强　王正茂

总　序

　　华夏文明是世界上最古老的文明之一。甘肃作为华夏文明和中华民族的重要发祥地，不仅是中华民族重要的文化资源宝库，而且参与谱写了华夏文明辉煌灿烂的篇章，为华夏文明的形成和发展做出了重要贡献。甘肃长廊作为古代西北丝绸之路的枢纽地，历史上一直是农耕文明与草原文明交汇的锋面和前沿地带，是民族大迁徙、大融合的历史舞台，不仅如此，这里还是世界古代四大文明的交汇、融合之地。正如季羡林先生所言："世界上历史悠久、地域广阔、自成体系、影响深远的文化体系只有四个：中国、印度、希腊、伊斯兰，再没有第五个；而这四个文化体系汇流的地方只有一个，就是中国的敦煌和新疆地区，再没有第二个。"因此，甘肃不仅是中外文化交流的重要通道、华夏的"民族走廊"（费孝通）和中华民族重要的文化资源宝库，而且是我国重要的生态安全屏障、国防安全的重要战略通道。

　　自古就有"羲里"、"娲乡"之称的甘肃，是相

1

传中的人文始祖伏羲、女娲的诞生地。距今8000年的大地湾文化，拥有6项中国考古之最：中国最早的旱作农业标本、中国最早的彩陶、中国文字最早的雏形、中国最早的宫殿式建筑、中国最早的"混凝土"地面、中国最早的绘画，被称为"黄土高原上的文化奇迹"。兴盛于距今4000—5000年之间的马家窑彩陶文化，以其出土数量最多、造型最为独特、色彩绚丽、纹饰精美，代表了中国彩陶艺术的最高成就，达到了世界彩陶艺术的巅峰。马家窑文化林家遗址出土的青铜刀，被誉为"中华第一刀"，将我国使用青铜器的时间提早到距今5000年。从马家窑文化到齐家文化，甘肃成为中国最早从事冶金生产的重要地区之一。不仅如此，大地湾文化遗址和马家窑文化遗址的考古还证明了甘肃是中国旱作农业的重要起源地，是中亚、西亚农业文明的交流和扩散区。"西北多民族共同融合和发展的历史可以追溯到甘肃的史前时期"，甘肃齐家文化、辛店文化、寺洼文化、四坝文化、沙井文化等，是"氐族、西戎等西部族群的文化遗存，农耕文化和游牧文化在此交融互动，形成了多族群文化汇聚融合的格局，为华夏文明不断注入新鲜血液"（田澍、雍际春）。周、秦王朝的先祖在甘肃创业兴邦，最终得以问鼎中原。周先祖以农耕发迹于庆阳，创制了以农耕文化和礼乐文化为特征的周文化；秦人崛起于陇南山地，将中原农耕文化与西戎、北狄等族群文化交融，形成了农牧并举、华戎交汇为特征的早期秦文化。对此，历史学家李学勤认为，前者"奠定了中华民族的礼仪与道德传统"，后者"铸就了中国两千多年的封建政治、经济和文化格局"，两者都为华夏文明的发展产生了决定性的影响。

自汉代张骞通西域以来，横贯甘肃的"丝绸之路"成为中原联系西域和欧、亚、非的重要通道，在很长一个时期承担着华夏文明与域外文明交汇、融合的历史使命。东晋十六国时期，地处甘肃中西部的河西走廊地区曾先后有五个独立的地方政权交相更替，凉州（今武威）成为汉文化的三个中心之一，"这一时期形成的五凉文化不仅对甘肃文化产生过深刻影响，而且对南北朝文化的兴盛有着不可磨灭的功绩"（张兵），并成为隋唐制度文化的源头之一。甘肃的历史地位还充分体现在它对华夏文明存续的历史贡献上，历史学家陈寅恪在《隋唐制度渊源略论稿》中慨叹道："西晋永嘉之乱，中原魏晋以降之文化转移保存于凉州一隅，至北魏取凉州，而河西文化遂输入于魏，其后北魏孝文宣武两代所制定之典章制度遂深受其影响，故此（北）魏、（北）齐之源其中亦有河西之一支派，斯则前人所未深措意，而今日不可不详论者也。""秦凉诸州西北一隅之地，其文化上续汉、魏、西晋之学风，下开（北）魏、（北）齐、隋、唐之制度，承前启后，继绝扶衰，五百年间延绵一脉"，"实吾国文化史之一大业"。魏晋南北朝民族大融合时期,中原魏晋以降的文化转移保存于江东和河西（此处的河西指河西走廊，重点在河西，覆盖甘肃全省——引者注），后来的河西文化为北魏、北齐所接纳、吸收，遂成为隋唐文化的重要来源。因此，在华夏文明曾出现断裂的危机之时，河西文化上承秦汉下启隋唐，使华夏文明得以延续，实为中华文化传承的重要链条。隋唐时期，武威、张掖、敦煌成为经济文化高度繁荣的国际化都市，中西方文明交汇达到顶峰。自宋代以降，海上丝绸之路兴起，全国经济重心遂向东、向南转移，西北丝绸之路逐渐走过了它的繁盛期。

"丝绸之路三千里，华夏文明八千年。"这是甘肃历史悠久、文化厚重的生动写照，也是对甘肃历史文化地位和特色的最好诠释。作为华夏文明的重要发祥地，这里的历史文化累积深厚，和政古动物化石群和永靖恐龙足印群堪称世界瑰宝，还有距今8000年的大地湾文化、世界艺术宝库——敦煌莫高窟、被誉为"东方雕塑馆"的天水麦积山石窟、藏传佛教格鲁派六大宗主寺之一的拉卜楞寺、"天下第一雄关"嘉峪关、"道教名山"崆峒山以及西藏归属中央政府直接管理历史见证的武威白塔寺、中国旅游标志——武威出土的铜奔马、中国邮政标志——嘉峪关出土的"驿使"等等。这里的民族民俗文化绚烂多彩，红色文化星罗棋布，是国家 12 个重点红色旅游省区之一。现代文化闪耀夺目，《读者》杂志被誉为"中国人的心灵读本"，舞剧《丝路花雨》《大梦敦煌》成为中华民族舞剧的"双子星座"。中华民族的母亲河——黄河在甘肃境内蜿蜒 900 多公里，孕育了以农耕和民俗文化为核心的黄河文化。甘肃的历史遗产、经典文化、民族民俗文化、旅游观光文化等四类文化资源丰度排名全国第五位，堪称中华民族文化瑰宝。总之，在甘肃这片古老神奇的土地上，孕育形成的始祖文化、黄河文化、丝绸之路文化、敦煌文化、民族文化和红色文化等，以其文化上的混融性、多元性、包容性、渗透性，承载着华夏文明的博大精髓，融汇着古今中外多种文化元素的丰富内涵，成为中华民族宝贵的文化传承和精神财富。

甘肃历史的辉煌和文化积淀之深厚是毋庸置疑的，但同时也要看到，甘肃仍然是一个地处内陆的西部欠发达省份。如何肩负丝绸之路经济带建设的国家战略、担当好向西开放前沿的国家使命？如何充分利用国家批复的甘肃省建设华夏文明传承创新区这一文化发展战略平台，推动甘肃文化的大发展大繁荣和经济社会的转型发展，成为甘肃面临的新的挑战和机遇。目前，甘肃已经将建设丝绸之路经济带"黄金段"与建设华夏文明传承创新区统筹布局，作为探索经济欠发达但文化资源富集地区的发展新路。如何通过华夏文明传承创新区的建设使华夏的优秀文化传统在现代语境中得以激活，成为融入现代化进程的"活的文化"，甘肃省委书记王三运指出，华夏文明的传承保护与创新，实际上是我国在走向现代化过程中如何对待传统文化的问题。华夏文明传承创新区的建设能够缓冲迅猛的社会转型对于传统文化的冲击，使传统文化在保护区内完成传承、发展和对现代化的适应，最终让传统文化成为中国现代化进程中的"活的文化"。因此，华夏文明传承创新区的建设原则应该是文化与生活、传统与现代的深度融合，是传承与创新、保护与利用的有机统一。要激发各族群众的文化主体性和文化创造热情，抓住激活文化精神内涵这个关键，真正把传承与创新、保护与发展体现在整个华夏文明的挖掘、整理、传承、展示和发展的全过程，实现文化、生态、经济、社会、政治等统筹兼顾、协调发展。华夏文化是由我国各族人民创造的"一体多元"的文化，形式是多样的，文化发展的谱系是多样的，文化的表现形式也是多样的，因此，要在理论上深入研究华夏文化与现代文化、与各民族文化之间的关系以及华夏文化现代化的自身逻辑，让各族文化在符合自身逻辑的基础上实现现代化。要高度重视生态环境保护和文化生态保护的问题，在华夏文明传承创新区中设立文化生态保护区，实现文化传承保护的生态化，避免文化发展的"异化"和过度开发。坚决反对文化保护上的两种极端倾向：为了保护而保护的"文化保护主义"和一味追求经济利益、忽视文化价值实现的"文化经济主义"。在文化的传承创新中要清醒地认识到，华夏传统文化具有不同层次、形式各样的价值，建立华夏文明传承创新区不是在中华民族现代化的洪流中开辟一个"文化孤岛"，而是通过传承创新的方式争取文化发展的有利条件，使华夏文化能够在自身特性的基础上，按照自身的文化发展逻辑实现现代化。要以社会主义核心价值体系来总摄、整合和发展华夏文化的内涵及其价值观念，使华夏的优秀文化传统在现代语境中得到激活，尤其是文化精神内涵得到激活。这是对华夏文明传承创新的理性、科学的文化认知与文化发展观，这是历史意识、未来眼光和对现实方位准确把握的充分彰显。我们相信，立足传承文明、创新发展的新起点，随着建设丝绸之路经济带国家战略的推进，甘肃一定会成为丝绸之路经济带的"黄金段"，再次肩负起中国向西开放前沿的国家使命，为中华文明的传承、创新与传播谱写新的壮美篇章。

正是在这样的历史背景下，读者出版传媒股份有限公司策划出版了这套《华夏文明之源·历史文化丛书》。"丛书"以全新的文化视角和全球化的文化视野，深入把握甘肃与华夏文明史密切相关的历史脉络，充分挖掘甘肃历史进程中与华夏文明史有密切关联的亮点、节点，以此探寻文化发展的脉络、民族交融的驳杂色彩、宗教文化流布的轨迹、历史演进的关联，多视角呈现甘肃作为华夏文明之源的文化独特性和杂糅性，生动展示绚丽甘肃作为华夏文明之源的深厚历史文化积淀和异彩纷呈的文化图景，形象地书写甘肃在华夏文明史上的历史地位和突出贡献，将一个多元、开放、包容、神奇的甘肃呈现给世人。

按照甘肃历史文化的特质和演进规律以及与华夏文明史之间的关联，"丛书"规划了"陇文化的历史面孔、民族与宗教、河西故事、敦煌文化、丝绸之路、石窟艺术、考古发现、非物质文化遗产、河陇人物、陇右风情、自然物语、红色文化、现代文明"等13个板块，以展示和传播甘肃丰富多彩、积淀深厚的优秀文化。"丛书"将以陇右创世神话与古史传说开篇，让读者追寻先周文化和秦早期文明的遗迹，纵览史不绝书的五凉文化，云游神秘的河陇西夏文化，在历史的记忆中描绘华夏文明之源的全景。随"凿空"西域第一人张骞，开启"丝绸之路"文明，踏入梦想的边疆，流连于丝路上的佛光塔影、古道西风，感受奔驰的马蹄声，与行进在丝绸古道上的商旅、使团、贬谪的官员、移民擦肩而过。走进"敦煌文化"的历史画卷，随着飞天花雨下的佛陀微笑在沙漠绿洲起舞，在佛光照耀下的三危山，一起进行千佛洞的千年营建，一同解开藏经洞封闭的千年之谜。打捞"河西故事"的碎片，明月边关的诗歌情怀让人沉醉，遥望远去的塞上烽烟，点染公主和亲中那历史深处的一抹胭脂红，更觉岁月沧桑。在"考古发现"系列里，竹简的惊世表情、黑水国遗址、长城烽燧和地下画廊，历史的密码让心灵震撼；寻迹石上，在碑刻摩崖、彩陶艺术、青铜艺术面前流连忘返。走进莫高窟、马蹄寺石窟、天梯山石窟、麦积山石窟、炳灵寺石窟、北石窟寺、南石窟寺，沿着中国的"石窟艺术"长廊，发现和感知石窟艺术的独特魅力。从天境——祁连山走入"自然物语"系列，感受大地的呼吸——沙的世界、丹霞地貌、七一冰川，阅读湿地生态笔记，倾听水的故事。要品味"陇右风情"和"非物质文化遗产"的神奇，必须一路乘坐羊皮筏子，观看黄河水车与河道桥梁，品尝牛肉面的兰州味道，然后再去神秘的西部古城探幽，欣赏古朴的陇右民居和绮丽的服饰艺术；另一路则要去仔细聆听来自民间的秘密，探寻多彩风情的民俗、流光溢彩的民间美术、妙手巧工的传统技艺、箫管曲长的传统音乐、霓裳羽衣的传统舞蹈。最后的乐章属于现代，在"红色文化"里，回望南梁政权、哈达铺与榜罗镇、三军会师、西路军血战河西的历史，再一次感受解放区妇女封芝琴（刘巧儿原型）争取婚姻自由的传奇；"现代文明"系列记录了共和国长子——中国石化工业的成长记忆、中国人的航天梦、中国重离子之光、镍都传奇以及从书院学堂到现代教育，还有中国舞剧的"双子星座"。总之，"丛书"沿着华夏文明的历史长河，探究华夏文明演变的轨迹，力图实现细节透视和历史全貌展示的完美结合。

读者出版传媒股份有限公司以积累多年的文化和出版资源为基础，集省内外文化精英之力量，立足学术背景，采用叙述体的写作风格和讲故事的书写方式，力求使"丛书"做到历史真实、叙述生动、图文并茂，融学术性、故事性、趣味性、可读性为一体，真正成为一套书写"华夏文明之源"暨甘肃历史文化的精品人文读本。同时，为保证图书内容的准确性和严谨性，编委会邀请了甘肃省丝绸之路与华夏文明传承发展协同创新中心、兰州大学以及敦煌研究院等多家单位的专家和学者参与审稿，以确保图书的学术质量。

《华夏文明之源·历史文化丛书》编委会

2014 年 8 月

目
录
Contents

前　言

　　历史上的甘肃，习称"陇"，又称"陇上"，是一片广阔而神秘莫测的土地。对这片神秘莫测的土地，国人了解和认识得还很不够、很肤浅，诸如华夏祖先何以在陇山以西地区出现和形成？炎黄部落当初为何以陇山地区为居地然后东迁中原？秦人何以兴起于陇山以西，进而征服东方六国？西域人曾长期经甘肃境内丝绸之路去中原进行经济文化交流，却不能把势力发展到甘肃和中原？如此等等，都是由于有陇上（因当代人的习惯，我们在文中仍称甘肃）这片神秘莫测的土地和居住在这片土地上的先民。对以上种种史地之奥秘，我们殷切期盼史地专家们逐一破解，使国人真正认识甘肃这片神秘莫测的广阔土地。在这里，我们仅就孕育在这片土地上的丰富的马文化问题予以初步说明。

一

　　自古以来，甘肃大地草场面积广阔，养马业繁盛，既有千万年前马化石的遗存，也有野生马的活化石

"普氏野马"在当今的繁衍;既有民养马,也有官养马;既有民间耕田马,也有军队战马;既有本土马,也有来自西域的汗血宝马;既有正史记载的马,还有古诗吟咏的马。根据民间传说、文献记载、壁画所画和出土文物所证实,历史上甘肃境内所生存马匹非常之多,并有大量统计数字保存至今。在甘肃历史上各种马中名马不少,而且都有着动人的故事,部分马的故事确属脍炙人口,影响深远。所以,历史上的甘肃堪称是一个说不完、道不尽名马故事的地方。

我们的这本以历史上颇带故事性的马为主角的普及性读物,着意反映甘肃大地深邃马文化源流、表现形式、地域分布和人文内涵等,至于揭示史地奥秘的重要任务,拟留待专家们的学术著作去完成。

二

甘肃大地,从西周以来三千多年的自然环境条件看,子午岭西麓、陇东黄土塬沟谷、崆峒山区、陇山西麓、洮河流域山地沟谷、祁连山区、河西走廊绿洲、甘南高原、陇南山地沟谷等地,都分布有优良牧草,加之冬季气候并不十分严寒,夏季气候也不太炎热,降雨量较为适中,从而先民养马的条件颇为优越。

在历史上,甘肃地区的先民具有悠久的养马传统,从考古发掘资料得知,甘肃地区是中国历史上养马最早的地区之一。甘、青地区齐家文化遗址考古资料表明,遗址中多有马骨出土,而国内其他地区遗址则无法与之相提并论。周穆王西巡时,活动在古代甘肃地区的部族曾向穆王"献马"、"献良马"、"献食马"。古本《竹书纪年》还载,周"夷王命虢公伐大原戎,获马千匹"。《诗·小戎》诗句中,曾言及骐、牡、骊、骝、骊、駵、骖等 7 字,反映 7 种颜色与驾位的马。据《韩非子·十过》记载陕、甘养马情况:秦穆公发兵护送重耳回晋国时,曾派"革车五百乘,畴骑二千"。当时,一乘车由四匹马牵引，故共用马 2000 匹之多，再加"畴骑二千"，秦穆公送重耳共动用马 4000 多匹。《左传》昭公元年（前 541 年），秦景公公子"咸"为避政争之祸奔晋时，"其车千乘"，即带 1000 辆车、4000 匹马。这说明先秦之时，陕、甘地区的养马业已经是相当发达了。

自秦汉至近代，甘肃地区人口一直较少，很多宜农、宜牧地区尚未进行农业开发，今属甘南高原、祁连山区、苏北县境和乌鞘岭等地历代一直都是游牧民族生活地区。生活在草原地区的藏族、裕固族、哈萨克族、蒙古族等，都以畜牧为业，马是他们所牧养的主要牲畜之一，而裕固族和哈萨克族，还被称之为"马背上的民族"。在历史上，马与各少数民族人民的关系十分密切，完全是相互依存、难以分离、共同发展的历史。

自西汉开拓西域起，丝绸之路自东至西横穿甘肃大地，这自然为西域的汗血宝马来到中国提供了便利。同时由于古代甘肃地区属西北边疆，多次战争发生在这里，因而多有大群军马的牧养和军中名马的出现。

以上诸多因素，决定了古代甘肃地区养马地域广，饲养马匹多，从而由各民族人民与马共同创造、演绎并流传下来的故事和相关文物也比比皆是。

三

在甘肃大地上曾经存在过的众多名马，不断被载入各种史册，这为我们后人了解和研究历史上众多名马提供了便利条件。据文献记载和民间传说，在甘肃大地上存在过的名马，大体可以分为军马、民马和汗血宝马三大类：

军马是历史上军事力量的重要组成部分，受到历代王朝的高度重视。东汉马援说得好："夫行天莫如龙，行地莫如马。马者甲兵之本，国之大用。"自古以来，甘肃大地上优越的自然环境，为牧养军马提供了适宜条件。军马有的由政府大群牧养，也有先是民间牧养而后一批批征调为军马。西汉武帝时，著名将军霍去病打败河西走廊匈奴，夺取胭脂山牧场，并在此地为汉朝牧养军马，进而成为国内牧养军马历史最为悠久、规模最为宏大的军马场。历史上在子午岭、陇山等地曾经设过牧马监，为多个王朝牧养军马。从唐代到清代，西北地区的吐蕃、藏族所牧养的马匹，通过"茶马互市"与"差发马"途径变成了军马。在甘肃大地上生存过的军马中，有不少是名马，尤其那些独匹军马还有着生动故事，被国人千百年传颂。西汉骠骑将军霍去病的坐骑，在沙漠中刨地出泉，被誉为"救命泉"；三国时，产于甘肃省康乐县的胭脂马成为吕布、关羽的战骑，屡次参战，征讨群雄；唐代尉迟恭的坐骑"千里追风"，在天水"刨"地出泉、飞奔玄武门救秦王李世民的故事脍炙人口。

民马是历史上分布甘肃大地最广、数量最多的马匹。古代甘肃境内游牧民族藏族、裕固族、哈萨克族和蒙古族等以畜牧为生，牧养着大量马匹，成为甘肃养马业的主体。藏族牧养的"河曲马"古今闻名；藏族在乌鞘岭、裕固族在祁连山区、哈萨克族等在甘新交界地区草原牧马，都为甘肃历史上的养马业做出了重要贡献。广大汉族地区农民为了农业生产的需要也放牧或家养大量马匹，同样成为甘肃历史上养马业的重要组成部分。尤其是自古就生活在甘、新、蒙交界地区的野马(今称普氏马)，自 20 世纪以来业已成了闻名世界的野生马种。

汗血宝马是在甘肃历史上留下美名的一种优良马种。早在西汉武帝时，在当时人们尚不知汗血宝马之际，有人便从敦煌渥洼池(今月牙泉)边捕获了野生汗血马。自西汉通西域以来，西域大宛国的汗血宝马在二千多年历史上经过河西走廊一批批进入中原，并在甘肃大地上留下了深深的足迹。西汉以后，在甘肃境内发现的单个汗血宝马也不在少数。据文献记载：东汉段颎从西蕃地区获得一匹"汗血千里马"；五凉时，吕光得到龟兹国所贡献的多匹汗血宝马；北宋时，蒋之奇从西番获得一匹汗血宝马等。看来，甘肃地区与历史上的汗血宝马有着十分密切的关系。

四

在历史上，甘肃各地各民族人民都十分喜爱马、牧养马、绘画马、铜铸马，同时又崇拜马神，从而形成了丰富多彩的马文化，并有不少流传至今。

以岩画形式存在的马文化，多见于河西走廊和靖远县等地区。在嘉峪关黑山，考古工作者发现了众多岩画马，为后人提供了了解先民社会生活的客观资料。从武威雷台汉墓中，曾出土了造型奇异、艺术价值极高的铜铸奔马，为今人了解汉魏时期人们的风俗与铸造工艺提供了客观依据。从嘉峪关魏晋墓中曾发现很多墓画，在墓画中画有不少马的形象，这些不仅反映了当时画家的绘画技艺，而且从中可了解当时人们的生产和社会生活。

赛马是甘肃各游牧民族人民文化娱乐活动的主要内容之一，它充分体现了悠久的草原马文化。历史上，甘肃的藏族、裕固族、哈萨克族与蒙古族等，多在民族节日举行赛马活动，如速度赛、走马赛、叼羊赛、捡哈达赛、骑射赛、马球赛、"姑娘追"等比赛。数千年来传承不绝的这些赛马形式，主要不在争名次，而是重在娱乐，显然其文化意蕴特别浓厚。

咏马诗在历史上的大量出现，提升了传统马文化的水平，扩大了传统马文化的影响面，强化了传统马文化的生命力。据载，当汉武帝得到从敦煌渥洼池边捕获的野生汗血马后，写了一首《太一之歌》，歌曰："太一况，天马下，霑赤汗，沫流赭。志俶傥，精权奇，籋浮云，晻上驰。体容与，迣万里，今安匹，龙为友。"汉武帝这首诗，称颂天帝为赐福人间，将流着血、能腾云驾雾、日行万里、唯有龙才能成为它朋友的天马降落到大地。在历史上，还留下来了大量诗人赞颂古代甘肃马的诗篇，使甘肃的马文化更加丰富多彩、内涵深邃。

民间马神信仰习俗反映了甘肃传统马文化的悠久历史和广泛基础。在古代历史上，甘肃各民族人民都与自己的马朝夕相处、形影不离，同马建立了深厚友谊。在古代有着"天马"、"龙马"说法，人们很早就神化马，称马为"马王爷"，并在各地建"马王庙"，每逢民间节日，有人就去"马王庙"烧香叩头。民间还有人在给小女孩拜干爹时，拜"马王爷"为干爹等等。看来民间的马神崇拜业已渗透到了人们的思想意识中，马文化业已与民间习俗融成了一体。

一、远古的马类化石

　　甘肃的马，若要从源头上讲，不仅年代久远，而且一时难知其详。国内外古生物学工作者在近一个世纪以来从世界各地地层里共发现了一百多种马类化石，经过对马类化石的研究，学者们将马的进化史划分为始祖马、中马、原马、上新马和真马等五个阶段。在甘肃大地上最早出土的古马类化石尚处在原马阶段。

（一）原马类化石

　　在甘肃省境内出土的原马类化石，是原马中一种叫安琪马的马化石，多出土于广河、和政、平凉、秦安、庆阳等地。原马类化石所在的地层，经测定约在距今一千多万年前的中新世中期。据对化石材料分析，那时的陇东及临夏地区，陆地随亚欧板块相碰撞而

甘肃出土的原马头骨化石 |

三趾马化石骨架复原标本

渐渐隆起，造成气候较前期干燥，两区内森林稀少，出现了大片草原。新的生态对安琪马的臼齿开始产生影响，主要是它们逐渐地改变食源，即由食鲜嫩多汁的树叶逐渐改变为食干草。虽经漫长时期进化，但安琪马的前后肢仍为三趾而非今日适宜奔腾的单趾。这便是甘肃境内马的源头即"原马"的简况。

（二）三趾马类化石

上新马出现于距今一千万年以后的上新世初，它身体趋于高大，各个部分生理构造已与现代马相当接近，牙齿比原马更进化，前后趾仍为三趾，但仅中趾显露，余两趾逐渐退化，已开始用单蹄着地奔跑，我国著名的三趾马曾生活在这一时期。我国三趾马有许多生物种，多以地名命名，如贺丰三趾马、中华长鼻三趾马、李氏三趾马、东乡三趾马等。甘肃河东、河西地区普遍发现各种三趾马类化石，甚至在青藏高原北端海拔高达3200余米的阿克塞哈萨克族自治县境内，也有大批三趾马化石出土。而这类马及共生动物多在海拔500~1000米左右的地区活动，足见自上新世以来甘肃西部与青藏高原相邻地段至少抬升了2000余米左右。甘肃省博物馆现正展出的一具三趾马化石，身高约110厘米，身躯长130厘米，颈长约50厘米，头略呈三角状，长约40厘米，这是"真马"的化石。

（三）庆阳马类化石

现代类型的真马最早出现于上新世末至第四季初，当今世界上的马、驴和非洲斑马都归这一属。它们有了善跑的单蹄，分工完善而复杂的牙齿，呈流线型的高大身躯和较发达的大脑，适于在空旷的草原上快速奔跑。甘肃大地这一时期发现的有德氏马、庆阳马、普氏野马、埃氏马、真马等的化石，其中在庆阳、环县、华池等地都曾或多或少有这类化石的出土。

庆阳马类化石主要产于庆阳巴家嘴水库岸边，此地出土化石非常丰富。据专家们研究结果表明，庆阳马生存在距今 250 万年前后，此时这一带出现了冰期，按理说气候应偏冷、偏干，事实上气温确实是低一些，但并不干燥，东南季风还能够深入这一地区，带来大量水汽和降雨量，处于一种温度低、湿度大的状态。当地生长着稀树、灌木丛及大量的草本植物，属一种湿润草原生态环境，大量动植物在这一环境中生存。不难看出，当时庆阳地区的气候环境还是比较独特。

庆阳巴家嘴动物群含有丰富的马科化石，包括长鼻三趾马和真马。在真马中发现有两个新种，即庆阳马和王氏马。这两种具有相当独特的性状，明显不同于其他马属化石。庆阳马的肢骨纤细，已发现的所有早期马属中，它的肢骨是最纤细的，但仍保留有一些原始性状，如浅的眶前窝、沿鼻骨中缝的深沟、长的上颊齿原尖和深的下颊齿外谷等。

（四）和政马类化石

和政县域内所出土的马类化石，主要有三趾马的化石与真马的化石两大类。三趾马是因这种马的四蹄都有三个趾而得名。三趾马的中趾粗，趾端出现了坚硬的蹄，在行走、奔跑时着地，而其侧趾已退化、较小，不着地；其门齿有凹坑，颊齿高冠，棱柱形，前臼齿已臼化。这种马生活在距今 1000 万年左右。约在始新世，森林中出现了食树嫩叶的始新马（始祖马），后至上新世，因环境变迁，始新马就逐渐演变成为三趾马了。据专家们测算，近年来和政地区发现的三趾马动物群头骨标本不下 6000 件，数量在世界上居于首位。三趾马若与现代马相比，它的四肢更为细长。

真马也称埃氏马。埃氏马这一名称是以法国著名古生物学家埃森曼的名字所命名。真马的化石埋藏于 200 万～250 万年前的黄土地层中。据古生物学家研究，到了更新世，出现了一望无际的草原，为适应这一新环境，马类逐渐演变成肢长体高，具有单趾、硬蹄和流线型身体等特点，这样就形成了"真马"。这种埃氏真马是世界上最大的真马，它的头骨长度达到 0.73 米，脸部较长，四肢四足都仅仅有一个脚趾，其余的脚趾已经全部退化了。埃氏马的进化程度与现代马已经非常相像了。

二、丰富多彩的岩画马与古墓壁画马

在历史上，人们对与自己朝夕相处的马，不但喜爱有加，而且有一些游牧民族还将马的各种形象刻绘在了山间岩石上，而广大汉族还将马的形象画在寺院、庙宇以至古墓内壁上。这些极其罕见而珍贵的历史遗迹虽然有的经历数千年之久，但仍然完好保存着。若从历史研究角度看，这些岩画马与古墓壁画马等具有客观、真实、形象化特点，同时又具有相当高的史料价值和艺术价值。

（一）岩画马

在甘肃省境内，刻绘有古代马的形象的岩画，主要分布于嘉峪关市西北约 20 公里的黑山峡谷和靖远县吴家川以北山岩的陡崖峭壁上，其数量众多、刻绘精美，史

嘉峪关黑山岩画中的马 |

嘉峪关黑山岩画中原始先民骑马狩猎的场景

料价值与艺术价值都很高。

黑山，古称洞庭山，是马鬃山系的一条小支脉。岩画就分布在黑山石关峡口、四道沟、红柳沟和磨子沟等处，在绵延 2 公里的黑山峡两侧的峭壁上，共刻绘约 150 多幅岩画。岩画内容有古代人们围猎、骑射、操练、舞蹈等活动画面，画面中描绘最多的是动物，其中有马、羊、牛、鹿、狗、驼、鸟、鸡、鱼、虎、狼、蛇、龟、雁、鹰等十几种。岩画采取雕刻与绘画并用的手法，画面古朴，风格粗犷，造型生动。无论是与人们的日常生活密切相关的动物，还是在人们活动中不常见的动物，都成了当时人们乐于表现并反复描绘的对象。这些画幅大小不一，宽 0.3～3 米，高 0.2～2.5 米。岩画一般刻绘在高于地面 0.5～5 米的崖壁上，最高者则在 5 米以上。画面有的是一组由几层画构成，有的则只是由一个人或一两个动物构成。

这些岩画自 1972 年发现以来，经 1978 年和 1987 年两次普查，证实黑山峡崖壁上的岩画，为战国至明代一千多年间的作品，分五个部分，共计 153 幅之多。甘肃省政府于 1981 年 9 月 10 日公布其为省级文物保护单位。

下面对嘉峪关黑山峡崖壁绘有马形象的岩画予以简介：

据《丝绸之路岩画艺术》一书记载，在四道鼓心沟的岩画中，S24（此为四道鼓心沟岩画的编号，下同）"上刻人骑马二，人射驼三，以及羊、狗等动物图像；人骑马，一手牵马，一手扬鞭，作奔驰状"。S25 "刻有人物、马、牛、羊、鹿等动物……人骑马三，由前、后冲向一牛成围猎状"。S33 "人骑马持弓追射二牛"。S35 "有一人骑马射一牛……一人骑马追射二牛的狩猎场面"。S93 为 "一人骑马和一驼。人骑马追一驼"。H3（此为红柳沟岩画的编号）在岩画中佛塔基座下方"刻有一人骑马及梅花等"。M2（此为磨子沟岩画的编号）画面"上刻有人舞、射猎、牛、马、驼、鸟等形象"。M3 画面"上刻人射、牛、羊、马、驼、雁等图像"。从以上画面上有佛塔看，其中有部分可能是藏族的岩画，对游牧、射猎生活反映较多，也颇逼真、客观。

《丝绸之路岩画艺术》一书，还载有靖远县吴家川以北的山岩上于1976 年发现岩画的情况。岩画分布于山岩东、西两壁上，其中西壁上的岩画虽不十分逼真，但可看清画面中有 8 人骑 8 匹马、3 只野羊的画像。毫无疑问，这也是一幅狩猎岩画，自然反映的是游牧民族的生活。

这些形态各异的马的岩画说明，马匹已经在当时的社会生活中起到非常重要的作用，无论战争，还是狩猎，或者在日常生活中，都成为不可或缺的工具。从岩画中看，自古以来这些地区人们对马还是非常重视的：

首先，突出了马是方便快捷的交通和代步重要工具。在日常生活中，若是中原或江南，由车船代步，而在河西走廊地区，多为戈壁、荒漠、草原、丘陵，这种特殊的地理环境，自然决定了马在交通和出行中不可替代的重要作用。

其次，充分体现了马在战争中的重要作用。河西走廊，自古以来就是一个多民族聚居的地区，有些时期处于一个纷争不断的社会环境之下，作为冷兵器时代的主要作战工具，马就成为战争双方争夺的主要战

| 甘肃出土的木板画上马的形象

略物资，战争中俘获的牛羊等牲畜，甚至人口都会被屠杀，但战马一定会被保留下来。

第三，表现了在河西走廊各个少数民族游牧生活中，马既是生产资料，又是和牛、羊等其他牲畜一样的生活必需品，更是家庭财产的实际反映，所以当时的人们对马显得非常珍惜和重视。

正是以上原因，作为普通家畜的马，在当地岩画刻绘者的心目中就占有极不普通的地位。同时由于当地少数民族对于马的珍爱，对马真诚情感的存在，所以在岩画中精心刻绘马也就成为自然而必然的了。同样，岩画马也为我们提供了古代河西地区及靖远等地各民族经济生活的客观历史状况，无疑就具有了重要的史料价值。

（二）古墓壁画马

在我国各地，曾经发现了很多古代壁画墓，其中在甘肃省河西走廊的酒泉高闸沟、西沟、丁家闸，嘉峪关新城，高台骆驼城、许三湾等处也都发现了壁画墓。这些墓葬大多是魏晋、十六国时期的砖砌墓葬。若予比较，嘉峪关市魏晋壁画墓在所发掘壁画墓中显然是极具代表性的，在此将对各处壁画墓中重要墓画据专家发掘资料作重点介绍。

嘉峪关魏晋壁画墓位于嘉峪关市东北，距市区约 20 公里，地处一片广阔无垠的大漠之上，它和嘉峪关西北方的黑山岩画一样，也是1972年被发现的。据说一个叫张书信的牧羊人在戈壁滩放牧时无意之中发现了这一墓群，时任嘉峪关市文教局副局长的焦炳琨得知此消息后给予了极大关注，他很快带人勘察墓葬现场，并迅速上报情况。中国历史博物馆派专家进行实地勘察后吃惊地发现，张书信发现的竟是距今已有1600多年历史的魏晋时期(220-420)的古墓群。此墓群分布在酒泉市果园乡和嘉峪关市新城乡交界地区近13平方公里的戈壁滩上，计1400多座，颇似在广阔的大漠上鼓起的一座座古墓包，也像大海中荡起的点点波涛，十分壮观而美丽。更令人惊奇的是，部分墓室内壁垒砌的灰条砖上刻画的彩绘壁画是国内从未见过的，极具艺术价值和研究价值。这一著名的魏晋古墓群后来被誉为"世界最大的地下画廊"。从1972年起至2002年的30年间，国家相关部门组织专家先后对18座古墓进行了发掘，其中的8座被确定为砖砌壁画墓，共清理出彩绘砖壁画660多幅，这些壁画基本上都属于国家一级文物。

这些墓砖壁画内容十分丰富，反映的面也很宽很广，比如放牧、农耕、采桑、养蚕、狩猎、屠宰、出巡、奏乐、博弈、舞蹈、繁殖、进

嘉峪关发现的三国时期古墓壁画砖——《围猎图》

食、宴饮、庖厨、酿造、服饰、梳妆、布帛、丝束等都有。画面反映最多的是农牧业。在农业方面，从下种、耕犁、耙糖、收割、打场、采桑、养蚕等画无一不有；在牧业方面，从配种、放牧、屠宰、狩猎也都画得十分详细，甚至连每道程序都无一疏漏。其中部分有关马的墓葬图画，内容新奇，多方面反映了当时的社会生活，现将其中主要的与马有关的墓画图归纳为以下几类：

1.《驿使图》

在嘉峪关魏晋古墓壁画中，马的形象频繁出现，其中出现在五号墓室之内的一幅马的壁画是嘉峪关魏晋壁画墓中最为有名的。这幅画后来终于成为中国邮政的标志，被称作《驿使图》。

《驿使图》其实就是描绘古代邮驿驰送文书的图画。在画面上有一位头戴黑色进贤冠，身穿右襟宽袖衣，足蹬长靴的驿使，正骑在一匹红色大马上，飞奔传递文书的情景。这名驿使左手高举木牍文书，右手握着

┃嘉峪关魏晋古墓壁画砖——《驿使图》

马缰，驿马四蹄腾空，驿使稳坐马鞍。整幅画面由黑色线条勾勒而成，马的四肢及鬃毛尾巴为黑色，马的身躯用鲜艳的大红色渲染，驿马显得俊逸而健硕。这幅驿使图再现了当时西北边疆驿使驰送文书的情景，被认为是我国发现最早的古代邮驿形象的实物资料。

1982年中华全国集邮联合会第一次代表大会上，原邮电部选中"驿使图"作为邮票图案，专门单独发行J85《中华全国集邮联合会第一次代表大会》纪念小型章一枚。从此"驿使图"成为中国邮政的"形象大使"——全国邮政的标志。新中国邮政储蓄1986年恢复开办，原国家邮政储汇局于1994年起发行首款全国通存通兑银行借记卡性质的储蓄绿卡，卡面又选用了这幅"驿使图"。

2.《配种图》

嘉峪关壁画墓室中有一幅《配种图》：一匹红色公马与一匹白色红斑母马正在交配。母马表现温顺、害羞，公马则懒散、自在。画面对两马体态和面部神情的表达手法非常娴熟，其写实程度确有点惟妙惟肖。在墓室中出现专门描绘马匹配种的图案，证明河西地区很重视马匹的繁殖与驯养，或许还掌握了家畜除自然繁殖以外，还掌握了人为操控的繁殖技术。这也从另一个方面证明，墓主人希望在自己死后，也能过上和生前一样牛羊满圈、骡马成群的富裕生活，也希望这些家畜能繁衍不息，供其长久役使。

3.《车马图》

在嘉峪关魏晋墓室中还有一幅比较特殊的壁画：一乘马车，前有一车仆，后面有一人跟随。但是这幅画中马的造型有很明显牛的影迹。经过仔细辨别后发现，居然是先以牛车起稿后改为马车的图画。在众多的车骑图中，这是唯一的一辆马车图，说明当时马车在河西地区并不常见。当然，这不是说马匹在当时很少见。河西是饲养马的主要地区，马匹居然紧缺，此原因就在于马匹主要用于征战和狩猎，而不是以农耕、驾车或食用为目的。故在农耕和驾车的壁画中一律为牛，无一用马。仅见的这一辆马车也是起稿为牛，画成后才改为马的。这幅图十分明确地表现了在当时的社会生产活动中，牛和马各自有不同的的特殊用途，这对后世学者的研究具有重要的启示作用。

高台县博物馆也展出两块《车马出行图》画砖，其中一幅画(图9-16)中，绘一马拉轺车似在急速奔跑，车内坐一人，马旁一御者，车后一人相随。另一画砖上之画(图9-17)中，车为双辕轿车，车上一驭手持鞭揽缰赶车，车前部一马驾辕，马的四腿似腾空奔跑。

嘉峪关魏晋古墓壁画砖——《车马图》

4.《行军图》

嘉峪关墓室中有一宏大的彩色骑兵队伍行军图(图9-1)。这幅行军图中军马横向排队，共八排，第一排一马，第二排三马，第三排二马，第四排一马，第五排三马，第六排一马，第七排四马，第八排四马，每匹马上骑一人，自第三排起，每一兵卒持一长矛。从画面上马的蹄、腿和身姿看，所有军马都在奔跑，行进方向从右向左。若从最后一排军马的屁股的部分在画面之外分析，可能后面还有军马，足见这一军马队伍的

嘉峪关魏晋古墓壁画砖——《行军图》|

宏大了。另一幅墓画（图9-2），也是军队出行图，由上下两层构成，因图画小，看不太清楚。这些自然都是古代十分罕见且十分珍贵的骑兵行军墓画。

5.《牧马图》

在嘉峪关墓画中有几幅牧马图，其中新城砖画上的一幅牧马图（图5-20），画一人穿长襟衣，右手持一棍，左手高举，驱赶六匹马奔跑，跑姿颇类武威铜奔马。另一牧马图（图11-2）中，画一人，身穿长襟衣，左手高举，右手持棍，驱赶着三匹红马、二匹黄马和一匹白马，每匹马骠肥体壮、快速奔跑，似在赶往草原放牧。第三幅牧马图（图11-7）中，画一披发者左手持鞭，驱赶一匹骏马，似在缓步行走。这些墓画，都客观

嘉峪关魏晋古墓壁画砖——《牧马图》|

反映了当时嘉峪关地区民间养马业的繁盛情况。

6.《骑马射猎图》

嘉峪关新城墓画既反映当地人们的生活情况，同时又反映当地人们的生产情况。《骑马射猎图墓画》，在所有墓画中很独特，它所反映的是当地人们骑马狩猎的情况。《骑马射猎图》墓画有多幅，其中在贾小军《魏晋十六国河西社会生活史》著作中就有 13 幅之多。其中图 7-1 墓画

| 嘉峪关魏晋古墓壁画砖——《骑马射猎图》

中，有三人各骑一马进行团体射猎，左侧骑黑马者，正回头用弓箭射后面逃跑中的一只野兔。图 7-2 也是三人骑马射猎墓画，在画中三匹马都在疾驰，后二马上猎人正在拉满弓回身向后射箭，前面一猎人因画较模糊，看不清楚猎人的动作。图 7-9 墓画，同样是骑马射猎图，在图画中有一马，头朝左，两前腿向前伸展，两后腿向后伸展，全身腾空，如飞一般。马背上骑一人，脸转向右（后）看，左手拿着弓，右手保持拉弓的姿势，箭已射出，正好射在向右（后）逃跑的鹿的脖子上。图 7-10 墓画与图 7-9 画面基本一致，只是猎人的箭尚未放出去。图 7-12 这幅骑马射猎墓画中，一匹马正在奔跑，马前方有两只野鸡并排齐飞，马背所骑猎人右臂上落着一只鹰，正准备放出去捕捉野鸡。图 7-15 墓画中，一

马正在四蹄腾空追赶，马前方一只有角野羊尽力逃跑，马背上猎人已射出的箭正飞向野羊后脑。图 7-16、图 7-17、图 7-18 也都是骑马射猎墓画，但因画面模糊，多看不清楚。在以上墓画中，有的还画有树木和野草等，显然这些都是非常写实的骑马射猎墓画，它们自然反映了当地人们过游牧生活的真实情况。

7.《坞》图与《惜别》图

嘉峪关新城与西沟墓砖画的内容较为复杂，除了上述墓画内容外，还有《坞》的图画和《惜别》图画等。如嘉峪关新城 1 号墓图（8-4）036 号画砖上画的是一座"坞"的画面。这一砖画画面主要画了上、下两组家畜：上面一组的右面画了一牛、一驴，左面画了三只山羊；下面一组的中间画了一左一右两匹马，右面马后是一头牛。马与牛都拴在树上。从这幅墓画中画有马、牛、驴和山羊分析，这一墓主人在世时，其家境情况颇为良好。

酒泉西沟 7 号墓中，曾出土一块绘有"骑吏和背水女子"的画砖（图 10-3），有专家认为这是一个吏与其妻的《惜别》图画。在画面中有一匹躯体毛有一片片黑色的白马，这匹马正在快速腾空奔跑，跑姿与武威

嘉峪关魏晋古墓壁画砖——《惜别图》 |

铜奔马极为相似。马背骑一男子，其脸稍向前看；马后一穿拖地长袍的
女子背一水罐站立不动，表现了二人依依惜别之情景。画中马的快速奔
跑与女子的站立不动形成了鲜明对照。

三、巧夺天工的石雕马、砖雕马、陶制马与彩绘木马

在历史上，甘肃各民族人民总是对与自己朝夕相处的马喜爱有加。人们在活着的时候，有的将马雕成石马，陈列于关口或庙前，用于守关和护庙；有的人则请画家将马画成画，挂在堂屋内供观赏；也有人制做陶马或木马作为俑，希望在自己死后将其一起葬入坟墓陪伴自己等。这种种情况，无疑都是崇尚马与马文化的表现，而做陶马、木马俑与死者葬在一起，即把马神灵化的现象，自然是崇尚马文化的一种极端例证。

（一）山丹石马关石雕马

石马关，也称石人石马关。据《肃镇志·关隘》记载："石人石马关在山丹卫（今山丹县）城北一百五十里。"《历代河西诗选》又载："在关南二十里有石人石马墩，均为龙首山要隘。"至清朝乾隆时甘州人郝道遵曾作了一首《石人石马

石雕李广骑射图 |

关》诗，其中云："地险峥嵘天险工，衔枚结舌气凌空。拜来选选当呼丈，鞭起腾腾欲骖骢。八阵齐排惊阚虎，五花竞跃逐飞鸿。"这几句诗的大意是说：石人石马关设关之处，山高谷深十分险要，置于关口的石人、石马口中都"衔枚"（"枚"是一种筷状物，在军队进攻时，有时置"枚"于士兵和战马口中，以防发出声音），气势凌云。作者一再跪拜石人石马，石人扬起鞭子、石马似欲飞腾起来。石人石马排列成威武雄壮的队伍，活像唐代"五花马"腾飞追逐鸿鸟一样。这部分诗句，既对石人石马关的险要形势作了客观描写，同时又对石人石马威严与雄壮的气势作了生动描述，使读者读后久久不能忘怀，尤其石马"衔枚"的拟人化形象使人感受更为深刻。

（二）清水县的砖雕马

甘肃省清水县，是个历史悠久之县，尤其该县所辖的陇山山区，是秦祖非子为周孝王养马之地的一部分，所以这里民间养马业一直很盛，崇尚马的风俗久传不绝，因此从当地墓葬等处出土了部分砖雕马与陶马，这自然充分反映了历史上马与清水县人民的密切关系。

2014年12月初，我们出席在清水县城举行的甘肃省轩辕文化研究会学术年会，期间在参观县文博园时，曾在一地下室的迁建墓内壁的一块砖上，看见一匹砖雕马。这匹马呈悬空腾飞状，其躯体左侧展现在前，而右侧则隐没在后；身躯稍细，长约20厘米；身高约15厘米；头、脖子扭向后看；前双腿呈平行状弯曲、后双腿向后下方伸展；马躯体的上、下、前、后都雕有漂浮状云团。这匹腾飞中的砖雕马，颇似传说中的"天马行空"景象。

（三）清水陶制马与秦安三彩陶俑马队列

陶制马在国内出土的较多，而在甘肃境内出土则少见。在甘肃境内

出土陶制马的是清水县，而出土
三彩骑俑陶马队列的是秦安县。

在清水县博物馆里，陈列着
一匹出土于本县的呈站立状陶制
马。这匹陶制马躯体粗壮、较
短，身高约 25 厘米，身长约 30
厘米，二前腿站得笔直，后二腿
稍有弯曲；头直、嘴部略向前
伸；两耳较直，稍前倾；口大、
鼻孔张开、眼睁；颈粗，有条状
鬃毛；尾短，向后伸展；背部备
有鞍，无缰、镫；陶制马体态显

秦安县出土的唐代三彩骑俑 ｜

得稳重、沉静，似一匹唐代宫廷画家韩干所画肥胖、不见骨的骑乘马形
象。

秦安县出土的三彩骑俑陶马队列，为唐代文物，实属"唐三彩"。
这种三彩骑俑陶马队列为一组，共为 7 匹马，每一匹马背上骑着一个三
彩陶人。这组三彩俑陶马，高为 36～38 厘米，长 36 厘米，宽 12 厘米。
三彩骑俑陶马，均施黄、白、绿、褐等颜色，给人以美观、壮丽的视觉
享受。

（四）武威的彩绘木马

甘肃省博物馆，多年来曾征集到若干古墓出土的木制马，有的还是
彩绘的。有的木马高 48 厘米、长 56 厘米，马以木块削出肢体的各个部
分，然后粘合成型。马都张嘴翘尾，作嘶鸣状，颈项插有鬃毛状木板，
背部雕有马鞍，形象完整、生动。武威磨嘴子汉墓出土的木马高度和长

度均在 80～100 厘米之间，均是将木头斫削后拼接而成，饰以赤黄、黑、黑斑、白点等各种颜色，总数在 10 件以上，这些都是甘肃省文物的珍品。

武威出土的汉代彩绘木马

陈庚龄等《甘肃武威磨咀子出土汉代彩绘木马颜料分析与修复保护》论文，把从武威磨咀子汉墓中出土的一组彩绘木马俑实物进行了研究，尤其对彩绘木马的颜料进行了分析，并指出：出土木马不仅数量多，而且体形较大，具有河西汉代马的典型特征。这种马显现出一种雄风大度和朴拙造型，并以生动的姿态、巧妙的构思、丰富的彩绘，构成了其特有的艺术风格，反映了汉王朝中期社会安定、富裕以及人们的理想风尚和审美情趣。

由于彩绘木马在地下埋藏近 2000 年，所以木马的有些部件已糟朽，出现了脱落、散架与变色等现象。若就木马的形体、结构神态等来看，大体是两方面情况：一是木马头、颈、躯干、四肢、尾分别制作，采用铆合或嵌合组成的形体组合方式，各部分的造型特征都是与表现马的神态性格紧紧相扣，马皆仰首翘尾，作嘶鸣状，尾作弧形，末端打结，四足伫立，矫健有力；二是木马彩绘与形体有机配合，彩用周秦青铜鼎的圆纹装饰方法，用凹凸的装饰带进行轮廓和细部的刻画，而局部轮廓则用简洁的点、线和条来表现。马身上大多分别涂以白、灰、黑的颜色作为底色，眼、耳、口、鼻、鬃毛等部位加以黑线勾画，或均以朱红、粉白、黑线点绘，起到以笔代刀的作用，而尤为引人注目的是在马鼓突的眼球上画一黑点，起到了画龙点睛的效果。武威磨咀子墓的彩绘木马，出土时虽然朽坏比较严重，但经专家以基本部件为主修复后，仍然能显现当年的体态和风姿。

宋元之际，甘肃河西走廊一度在党项西夏王朝统治之下，畜牧业发达，骑兵好战。武威西夏墓中出土的木版画中，有一块木板上绘有青年男子牵一匹黑色大马，这是一件颇为罕见的木马文物。

四、代代相传的神马故事

自古以来，马与甘肃各民族人民朝夕相处。人从来是马的主人和靠山，而马则是人的朋友和助手。人与马，亲同手足、亲谊深厚。

马生来就体形优美、奔跑飞快、富有灵性，在家畜中是最受人们喜爱的。在历史上，有些马曾经有过一些使人们意想不到的奇异行动，被人们视为"神奇"，加之甘肃有的马曾与历史传说中的"神仙"及一些英雄人物有过某些壮举，所以，由人们演绎成了诸多神奇故事，被代代相传，一直流传至今。

（一）伏羲"龙马"的传说

天水卦台山地区，流传一个"龙马"的神奇故事：当年，伏羲正在卦台山画八卦时，忽然有一"龙马"飞临卦台山之南渭河中"分心石"。从此，渭河"分心石"也就成了神石。

在卦台山西北1.5公里处，另外还有一座龙马山。龙马山半山腰的余家峡口，自古就有一个"龙马洞"。相传，当年伏羲"龙马"负图出于此洞。"龙马洞"为石质，高3米，宽4米，深7米，内有石槽、马蹄等痕迹，不知何时所为。古往今来，时有人在洞内焚香化纸，视为神圣所在。

（二）张掖马蹄寺的神马蹄印迹

在张掖市南 65 公里处的临松山峡谷有一座马蹄寺，马蹄寺由 70 多个石窟组成。在第 9 窟内有一个巨大的马蹄印迹，被后世人们视为神马蹄迹。原来，在河西走廊的群众中，到处流传着一个美丽的神话：很久很久以前，在高与天齐的祁连山草场上，到处游牧着一群膘肥体壮的马群，每当母马怀胎的季节，天上的神马便下凡来到祁连山麓，同它们进行交配，因此生下的马驹体高力强，能走善奔，性情刚烈，远近闻名。但是，天马行空，来去如风，人们很难看见它们的真实蹄印，而马蹄寺第 9 窟中的大马蹄印迹，据传说是天马所踏的足迹，映证着天马曾经来过此地。于是，人们便在这里建窟礼佛，年年祈祷，希望天马常来。马蹄寺石窟对天马的渴求，显然带有更多的神秘色彩，不示马形，而只以

张掖马蹄寺 |

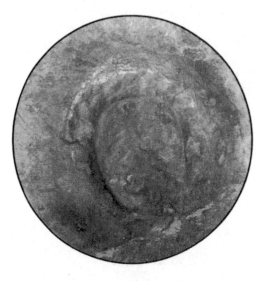

| 马蹄寺内传说中天马留下的蹄印

马蹄暗示天马的存在，这正如佛教创立之初，人们不敢用有限实体来表现无限高大的佛陀，而只用菩提树、佛塔、舍利和佛足印象示其存在一样，马蹄寺用马蹄印迹来象征天马的存在，可谓登峰造极了。

清乾隆时人高元振的《马蹄遗迹》诗，对马蹄寺及马蹄印迹作了如下吟咏："飞空来骥足，马立落高山。入石痕三寸，周规印一圜。不缘驰穆骏，岂意列天闲。雨剥踪仍显，霜雕粉自斑。年多碑尚勒，代远色弥殷。神马峰头立，旌旄漫度关。"这首诗大意是说：从天空飞来的千里马，站立在高山之巅。它的蹄在山石上踩下的印痕深达三寸，它的蹄印周边呈圆环之形。它不是循着周穆王八骏来奔驰，它岂能位列皇帝马厩之马。马蹄印迹虽经雨水浸蚀仍很清晰，经风霜损伤则留下了破碎班痕。马蹄寺碑年月已久碑文尚可看清，而碑体则变成了土黑色。神马站立于山峰之上，观看举着顶端饰有牦牛尾之旗度关。从这首诗全文看，作者是对马蹄印迹抱着一种神秘感，虽然他对马和马蹄印迹有较详细描述，但他的认识却明显深陷于非科学的窠臼之中。

（三）敦煌白马塔故事的由来

在敦煌县故址南部党河乡，矗立着一座十数米高的土塔——白马塔，迄今已历一千五百多年了，这座土塔与鸠摩罗什密切相关。鸠摩罗什是后秦时的高僧，生于龟兹，父籍天竺，幼年时出家。后秦弘始三年（401 年），他到长安传播佛教，途经敦煌时，所乘白马病死，埋葬于故城内，当地群众遂建此塔以作纪念，故称"白马塔"。

相传，一天夜里，鸠摩罗什梦见白马与他对话，白马说："我本是上界天骝龙驹，受佛主命，驮你东传佛教。敦煌是我超脱生死之地，现我已伴你进关，前面是阳关大道，望你前途郑重。"鸠摩罗什苦苦哀求，可白马还是化作一片彩霞冉冉升空。鸠摩罗什突然惊起，这时，随侍报告：白马仙逝。鸠摩罗什十分痛心，遂将白马葬于沙州城内，花重金修建了"白马塔"。在敦煌百姓观念里，白马便成了佛教的象征。在今天敦煌城西沙州故城内东南角，那座别具风格的佛塔，便是那充满神奇色彩的白马塔。

白马塔塔身九层，高约 12 米，最底层是八角形，经历代修整，用条砖包砌，每角面宽 3 米，直径约 7 米；第二、四层为叠角重叠形；第五层下周有突出乳钉，上为仰莲花瓣；第六层覆钵形塔身；第七层为相轮形；最上面为六角形的坡顶刹盘，每角挂有一铃。塔系土坯垒砌，外涂灰泥。在第二层塔上有镌石两块、镌木一块。石上有"道光乙巳桐月白文彩等重修"等字迹；木上刻有"民国二十三年八月拔贡朱永镇、吕钟等再修"字迹。据记载，此塔于 1930 年还曾出土过一座 90 厘米高的黑石造像塔，上刻《金刚经》，不久遗失。这座国内现存一千多年的土塔，实属罕见。

（四）甘谷麦垛山金马驹的传说

据《甘谷史话》记载：在甘谷县西川渭河边，有一处名叫鸡咀河滩的地方，在河滩上有东、西两座相连的山，位于东边的叫麦垛山，位于西边的叫红土山。

相传在很久以前，麦垛山里常有一匹金马驹出入。据说，这匹金马驹是镇山的神驹。每当春播秋耕，金马驹就在夜深人静的时候，拖着一副银套铜犁为穷人犁地。在红土山下，居住着一个穷老汉，他当时给财主家饲养马匹。有一天半夜，他到马圈去添草料，突然听见山上传来清脆的马铃声，他以为是财主家的马脱缰跑上山去了，于是就一一清点圈里的马匹，数来数去，一匹也不少。他觉得奇怪，因此便跟着铃声寻上山去。到了山上，他惊奇万分，在明亮的月光下，一匹黄灿灿的马拉着一副银光闪闪的犁，正在犁地呢！老汉不敢惊动金马驹，就从远处静静地看着，不大一阵儿工夫，一大块地就耕完了，金马驹随即踏着碎步跑下了山。老汉想：老辈人曾说这山上有一匹神驹，给穷人犁地，今天可亲眼看到了，看来传说是真实的。

金马驹下山的时候，老汉悄悄跟着金马驹也来到了山下。老汉看见金马驹到渭河边喝了水，然后走向麦垛山。这时，金马驹扬脖昂首、一声长鸣，半山腰忽然开了两扇门，金马驹便奋蹄飞腾，跳了进去，山门随即关上，麦垛山又恢复了原来模样。

老汉回到住处后，翻来覆去总是睡不着。他想：要是把金马驹捉住多好，其它的马再好也抵不了这匹金马驹。思来想去直到鸡叫三遍，才想出了个办法。这个办法就是在渭河边金马驹喝过水的地方把东家的马料拿一些放给它吃，然后设法捉住它。主意拿定，第二天晚上，老汉就把东家的马料悄悄地端了一笸箩放在渭河边金马驹喝过水的地方，自己躲到一块大石头背后等着。大约到了半夜时分，金马驹果然又走出麦垛山山门，到红土山上去犁地，地犁完后再到渭河边喝水。老汉看到金马驹后就从石头背后出来，想走近它，不料脚步声一响，金马驹撒开腿就跑向麦垛山去了。

老汉得知金马驹怕人的情况后，第三天晚上就把装料笸箩放在渭河边，他躲得远远地看着。半夜只见那金马驹来到渭河边，刚要低头喝水，就发现了眼前装料的筐箩，它只是嗅了嗅，却没有吃，照样只是喝完水就离开了。

金马驹虽然没有吃料，但老汉在此后的每天晚上一直坚持把料放在老地方，他躲在远处看。老汉一直坚持到第十八天晚上，金马驹终于在嗅了一下马料后便大口大口地吃起来了。老汉见此情景，高兴坏了。就这样，时间长了，老汉便慢慢接近金马驹，他从躲藏地方走出来时，金马驹就不再跑了。又过了一段时间，金马驹还接受了老汉给它刷毛、梳鬃，完全可以接近了。

有天晚上，老汉拿着装料筐箩和笼头向渭河边走去，想趁机捉住金马驹，没想到财主发现家中牲口没有增加，料却吃得很快，于是就跟在老汉后面，想看个究竟。财主见老汉拿着笼头，端着料筐箩，一直向鸡咀河滩走去，到了那里不一会儿，财主看见有一匹金灿灿的马驹来到河边，吃老汉拿来的料。这时，老汉正要给金马驹套笼头，不料财主便走了出来，并气呼呼地说："想不到你用我的料给你在这儿喂着一匹马。"金马驹一听到人的声音，扬蹄飞快地向麦垛山跑去了。从此，金马驹再也没有出来过，但居住在红土山下的人们说：有时在夜深人静的时候，还能听见马铃声在山中隐约回响。

（五）会川葬马寺的来历

在渭源县会川镇以东四里处，有一个村庄叫河里庄。河里庄村的北山阳屲山坡，民间既称作"马绊坡"，又称作"马半坡"。在这里先来简介"马绊坡"之称的来历。

相传，当年唐僧骑着白龙马去西天取经，在途经河里庄阳屲山坡时，白龙马因被绊倒而受伤，故民间习称"马绊坡"。后来，白龙马死了，当地人们就把白龙马葬在了"马绊坡"附近山上，并在葬马之处修建了一座寺院，还命名为"葬马寺"。古往今来，"葬马寺"就成了当地民众祭祀马神之所。这一绵延已久的传说和祭祀马神的民风，反映了当地人们信仰马神的浓郁习俗。

（六）兰州水磨沟侯家峪"千里驹"的传说

相传，在清朝后期，兰州水磨沟（即阿干镇所在山沟）侯家峪村的一户侯家，在几十年中一直养着一匹白色骒马。当白骒马年老以后，主人不忍心看着对自家有功劳的白骒马死在家里，因此打算把白骒马放到五泉山后的山野里去吃草，让它自生自灭。一开始，放到山野里去的白骒马由于恋家，每天到了晚上自己就回来了。可是后来，有很长一段时间白骒马晚上再也没有回家，马的主人以为被狼吃掉了，从此主人也就不再想白骒马了。可是，在此后的一天，一个放羊娃来家说：白骒马没有死，我曾看见它领着一匹小马驹在山野里吃草。马主人听后没有动心，也未去把白骒马和小马驹赶回来。过了不久，白骒马竟然自己领着小马驹回到了主人家里。自这时起，白骒马的主人就精心照料和喂养白骒马与小马驹。随着时间的延续，小马驹也就一天天长大了。

有一天上午，白骒马的主人要牵着白骒马、领上小马驹去阿干河边饮水，不料刚一出大门，小马驹却突然不见了。主人只好把白骒马拴在门前树干上，然后到院内院外去找。虽然找了好一阵儿，却未能找见小马驹。白骒马主人在未找到小马驹情况下，只好拉着白骒马到阿干河边去饮水。当白骒马饮罢水，主人牵着它回到自家门口时，忽见小马驹又跟在白骒马身后。这一情况使得白骒马的主人感到十分惊奇。此后，这样的现象出现了很多次。又有一天，白骒马的主人为了要对小马驹忽隐忽现的情况搞个明白，于是在去阿干河边给马饮水之前，就先给小马驹备上了鞍，当出了自家大门后他就纵身一跳骑在了小马驹背上。这时，突然"轰隆"一声巨响，马的主人什么也不知道了。不多一会儿小马驹就飞到了洮河附近一座石山下的神泉边，马主人下了马驹背。小马驹喝罢神泉水，主人又跳上小马驹背，不料又"轰隆"一声巨响，主人又什么也不知道了，不一会儿小马驹便飞回到了主人家门口。从此以后，侯家峪人认为，这匹小马驹不喝当地阿干河里水，只喝洮河那边的神泉水，因此就将小马驹誉为神奇的"千里驹"。从这时起，侯家峪出了千里驹的消息就一传十，十传百，越传越远，越传越神，最后传到了兰州的官府里。此后，官府派人来侯家峪索要千里驹，可是，马的主人不愿把千里驹交给官府。这样一来，官府的人感到轻易得到千里驹是不可能了，于是就改变手法，转而向马主人表示："只要你把千里驹交给官府，你想要做官时就给你官，你想要钱时就给你钱。"马主人为了保住心爱的千里驹，果断拒绝了清朝官府的诱惑。

官府的人用软办法得不到千里驹，就企图用抢千里驹的硬办法。一天夜里，兰州的官府派军队提着灯笼、举着火把来到了侯家峪马主人家里抢千里驹。这时，马主人感到千里驹实在保不住了，于是就心生一计，在袖筒里暗藏了一把刀。当官军把千里驹强行拉到大门口时，马主人在万般无奈的情况下就给官军说："我把小马驹养了很长时间，实在舍不得让你们拉走，现在就让我把小马驹身上抚摸一下，然后你们再拉走！"马主人一边说着一边迅速从袖筒中抽出刀，接连几刀把千里驹捅死在了自家大门口。千里驹死后，恼羞成怒的官军，一拥而上抓住了马的主人，接着在他的身上缠上棉花、浇上油、点着火烧死了他。从此，侯家峪虽然失去了千里驹和它的主人，但千里驹的神奇传说和千里驹主人的英名却一直流传到了今天。

不过，在那以后，侯家峪人逢年过节炸油饼时，锅中的油爆得很厉害，油饼总是炸不成，有时油就从锅中溢出来了。在此情况下，侯家峪人就去到神庙中"抓马脚"（一种民间求神问卜习俗）祈问庙神，庙神说："你们的祖先被烧死了，不能再炸油饼了。你们一定要炸油饼的话，就先做个面人炸一下，炸了面人再炸油饼，油就不会爆了。"从这时起，侯家峪人就按庙神所说的方式炸油饼，并形成了一种风俗。

自千里驹的主人被烧死以后，侯家峪人都非常崇敬千里驹的主人。为了表达对他的敬仰之情，族人根据他的事迹，在神庙墙上为他画了一幅画像。在这幅画像上，千里驹的主人挺胸昂首，左手牵着千里驹，右手举着刀，表现出威武不屈的英雄形象。

五、誉满天下的陇原铜马

在甘肃省境内的寺院、庙宇、博物馆和民间都保存有大量古代铜器，其中极具价值的是铜铸马艺术品，武威市出土的铜奔马和甘谷县出土的东汉铜铸马是最具代表性的铜铸马文物。这些铜铸马艺术品出土之后，早已誉满天下了。现将专家的研究综述如下：

（一）武威铜奔马

1. 铜奔马的出土与造型

1969 年 9 月 22 日，武威县农民在雷台下面挖战备地道时发现了一座古墓，经考证是东汉晚期张姓将军夫妇的大型砖室墓。当时从墓室中出土文物众多，这一墓室堪称为一座蕴藏丰富的"地下博物馆"，其中引人注目的是由 99 件铜车马、武士俑组成的一支气势磅礴、威武雄壮的庞大仪仗队伍。在这支仪仗队伍中，一件青铜所铸马俑，被称作铜铸马或铜奔马，是最为突出的，它勃勃英姿与武士仪仗俑交相呼应，令人叹为观止。

这件铜马艺术品长 45 厘米，宽 10.1 厘米，高 34.5 厘米，总重 7.15 千克。铜马头戴璎珞，四蹄奔腾，鬃毛飘逸，高扬的马尾梢部打

| 武威出土的汉代青铜兵马仪仗俑

一结，作昂首嘶鸣状，以少见的"对侧快步"的步伐奔驰向前。其三足腾空，后右蹄踏在一只正在振翅奋飞的鸟背上，飞鸟回首惊视，与之相互呼应，奔马头微左顾，似乎也想弄清楚发生了什么事。由于马蹄之轻快，马鬃马尾之飘扬，恰似天马行空，以至飞鸟不觉其重而惊其快，更增加了铜马凌空飞驰的气势，而这一惊艳的瞬间，就被一位东汉的无名艺术家定格了下来。

铜铸马出土后，即被送往甘肃省博物馆收藏。后来，著名史学家郭沫若先生参观省博物馆时对这件东汉青铜器曾大加赞赏。他返京后即约当时国家文物局负责人王冶秋到家，商定将铜铸马调京，充实故宫正举办的《文化大革命期间出土文物展览》。几天后，郭老又向周总理推荐了铜铸马。铜铸马参展后立即在全世界引起轰动，各报刊连续报道。两年后，铜铸马入选《文化大革命出土文物》邮票。后来它又重回甘肃省博物馆永久收藏。

2. 铜铸马称谓的论争

自铜铸马被发现以来，对其称谓的论争一直就没有停止过，主要提出了以下六种说法：

(1) "铜奔马"说

武威所出土铜铸马的造型雄健骏逸，气势非凡。这匹铜铸马昂首嘶鸣，四蹄腾空，作风驰电掣般地奔驰状，因而，经郭沫若先生鉴定后，以"奔马"名之，因为是由青铜制成，又称"青铜奔马"。不过，很少有人这么叫，大多以"铜奔马"称呼它，这也是对这具铜铸马最早的称呼了。

(2) "马踏飞燕"说

在武威雷台汉墓出土的铜铸马名称命名以后，"铜奔马"的称谓虽

雄健骏逸的铜奔马 |

然比较直观明了，但是这具铜铸马的精妙之处是其后蹄下踏一飞鸟，仅以"奔马"名之，显然不足以表现其浪漫主义意境，因此有人将其称为"马踏飞燕"，以表明奔马正在掠过燕背，凌空飞驰。据说1971年9月，郭沫若陪同柬埔寨宾奴亲王访问兰州，在甘肃省博物馆再次看到这件稀世珍宝后，又将其重新命名为"马踏飞燕"。

（3）"马踏龙雀"说

针对"马踏飞燕"说，有人提出了不同看法，认为铜马所踏飞鸟，从造型看不像是燕子，而是龙雀，因此认为应该叫"马踏龙雀"，或者干脆叫"马超龙雀"。

对于这种说法，我们可以做个简单分析：龙雀是一种传说中的神鸟，也有人说是风神，具体长什么样子，谁也不知道，大概飞起来一定是又快又高的了，所以铜铸马的爱好者认为，要表现铜铸马的速度，一定要用龙雀衬托才对。当然，具体说到创作，当年那位艺术家是不是也这么想，就不得而知了。我们知道，在真正的鸟类中，飞得最快的是一种叫尖尾雨燕的鸟，对，就是一种燕子。当年那位艺术家在构思这件艺术品时，究竟首先想到的是传说中的神物龙雀，还是现实中的实物燕子，这对于近两千年后的我们来说，还真是件难以捉摸的事呢。

（4）"飞燕骝"说

武威铜铸马，学界前面所命名的几种名称，看似有些道理，但明眼人稍加品味就会发现，其中都带有明显的现代汉语构词特点。因此后来就有学者提出"飞燕骝"这个名字来。这个名字似觉精炼、准确、严谨，无论从构词方式，还是切合题意，无不符合汉代的特点，堪称是迄今为止为这件著名青铜铸马所命名最贴切的名字。

众所周知，铜铸马足下有一鸟，其象征意义一直为人们所关注。一提到这件铜铸马，人们立刻会想到奔腾如飞的画面和马蹄下的那只似燕的飞鸟。再者历朝历代多有以燕喻良马的诗文，如南朝沈约诗有"紫燕光陆离"句（"紫燕，良马也。"）。梁朝简文帝诗云："紫燕跃武，赤兔越空。"此二句中赤兔与紫燕都指良马。李善注谢灵运诗时指出："文帝自代还，有良马九匹，一名飞燕骝。"在这件艺术品中，铜铸马足下的飞燕，无疑是用来比喻良马神速的，这种造型让人一看便知其意，所以有学者认为，铜铸马直截了当地取名为"紫燕骝"或"飞燕骝"，是恰合古意、最为雅致贴切的。

不过，这里又需要另外想一想了，因为在当初，这件艺术品有没有名字我们不知道，而现在需要一个名字，却是给我们现代人用的，那么一定要起一个具有汉代风格的名字吗？我们看也没有绝对的必要，否则，大家一提飞燕骝，还得搞清楚"骝"到底是个什么东西。对于广大的普通老百姓来说，明明就是马，为什么一定要叫骝呢？实在不利于交流和传播。

（5）"天马"说

对铜铸马持"天马"说法的人认为，龙雀是风神，即飞廉，这种神鸟，岂能是普通之马所踏之物？东汉张衡的《东京赋》中有"铜雀蟠蜿，天马半汉"之句，是称皇宫内龙雀、天马两件对应的铜制陈列品，因此，这具铜铸马就是"天马"。天马和龙雀是同等身份的，所以出现在了一起，这样才能互相匹配。又如："天马呼，飞龙趋。""回头笑紫燕，但觉尔辈愚。"这是李白《天马歌》中的诗句。李白的诗中，紫燕辈的良马"天马"根本就不屑一顾，甚至连高贵的龙都只是跟在身后，在这里，"天马"具有何等超凡的地位啊！

传说中的"天马"可腾云驾雾，凌空飞驰，而铜铸马恰恰足踏龙雀作腾空状，所以正是凌空遨游的"天马"形象。许多老百姓也愿意认为铜铸马就是天马，因为这么一匹闻名遐迩、赫赫有名的马，如果不叫作"天马"。无论从感情上，还是心理上，都会觉得有点缺憾。当然，持这种观点的人，首先得证明那只鸟确实是龙雀，而不是一只普通的燕子，可是要证明这一点的确也不是一件十分容易的事。

（6）"马神天驷"说

与前几种说法一样，"天马"说也受到了质疑。有人提出："天马"在汉代专指大宛汗血宝马，或者是与汗血宝马有关的宫廷陈列品。汉武帝为得到汗血宝马，曾派遣使者出使西域，还不惜下嫁宗室女子与西域国家通婚，甚至派大军征讨大宛国，千辛万苦才求得汗血宝马，更是亲自出宫迎取，并为此作《西极天马之歌》，以歌颂西汉王朝的功德。所以说，无论"天马"是指真马还是铜铸马，都只是皇室威仪的象征，为皇家专属，一般臣民不可能享用，武威东汉墓主张姓将军怎能例外？他没这个胆量。因此，有人提出这具铜铸马不是天马，而是"马神天驷"。

"天驷"指的是天上二十八星宿当中的东方苍龙七宿中的第四位星，名"房"，亦称"马祖神"。因为自商周以来，征伐不断的战争中都少不了骏马，因而就产生了对骏马、良马的崇尚，并上升到对马祖神的崇拜与祭祀。秦汉以前人们都尊崇"天驷"为"马神"。武威汉墓主人张姓将军生前率骑戍边，一生与马为伍，对马有很深的感情，供奉马神，死后殉葬铜制马神，应当是很自然的事情。这样解释，就墓主人的官职和职业特征来说，都是合乎情理的。"天驷"者犹言驷马行空，以足踏飞燕来说明"天驷"和象征其所处的空间位置。这是一种比较新奇的说法，但是还是需要好好推敲。其实对于一件艺术品来说，如此的化简为繁，搞得过于复杂，就有钻牛角尖的嫌疑了。

总体来说，以上这六种说法都有一定的合理之处，也都能在一定程度上解释得通，但迄今为止却始终没有一个公认的结论，没有一个大家都能接受的称谓。当然，不管最终采用哪个名称，这具铜铸马终将是一件代表"中国古代铸造艺术高峰"的作品，相信这一点对于谁来说，都是没有异议的。

时至今日，有关铜铸马称谓的讨论还在继续，一些学者或者是铜铸马的爱好者，旁征博引、引经据典，试图找到一些新的叫法，故又提出"飞廉铜马"、"紫燕骝"、"飞燕骝"等等称谓，众说纷纭，各有各理，最终也没能统一起来。有些人接受最早郭沫若先生的命名，称之为"铜奔马"，虽然没有提到那只鸟，有些不尽如人意之处，但也简明扼要，形象而生动。毕竟这件艺术品的主题是马，主体也是马，无论其造型还是形态，都是为了要表现骏马的神速与俊逸，那只"燕子"也不过是起到衬托作用而已。

有些人还觉得"铜奔马"这个称谓有点太直接，太普通了，但它却是最大众化、最广泛的一种叫法。据说郭沫若后来又觉得有些不妥，重新命名为"马踏飞燕"，所以，很多人也这么叫。"马踏飞燕"比起"铜奔马"，似乎更加专业一点，也更具艺术性，但还是有人觉得不够准确，认为"马超龙雀"的称谓才能完美诠释这件艺术品的精髓所在。实际上这些称谓都没有什么历史依据，皆是后人不同理解的种种表现而已。不论出于一种什么样的艺术表现寓意，它都是古代人民的艺术结晶，这些对铜奔马寓意以及最恰当名称的争论与辨析，也正是人们对它艺术魅力的喜爱与崇拜的另一种表现。

其实人们也不必过于计较，如果过分执着于这一点，其实就是钻牛角尖，或者说是本末倒置了。或许当年东汉的那位艺术家，并没想给这匹马一个什么高深莫测的内涵，就是想创作一匹跑得比飞得还快的马的形象，别无他念，仅此而已。一件艺术品起什么名字，其实并不能提升或者降低艺术品本身的价值，所以，"奔"也好，"踏"也好，"超"也好，燕子也好，龙雀也好，叫什么其实并不重要，我们的祖先能给我们留下这么一件独一无二的艺术珍品，这才是最最重要的。

3. 铜奔马的艺术价值概述

"铜奔马"是东汉时期（公元 25-220 年间)将雕塑艺术和铜铸工艺融为一体的杰出作品，在中国雕塑史上代表了东汉时期的最高艺术成就。我们细观铜奔马的整体艺术造型，奔马的身体重心落于一足之上，并以一只小小飞燕承之，既表现了奔马风驰电掣的速度超过飞鸟，又巧妙的利用飞鸟的躯体扩大了着地面积，保证了奔马的平衡与稳定，体现了设计者的匠心独具，也合乎力学的平衡原理，说明这位艺术大师具有高度的智慧、丰富的想象力、深刻的生活体验和娴熟精深的工艺技巧。"铜奔马"这件艺术品，若仔细观看，奔马与飞鸟的线条流畅，比例匀称，奔驰与飞翔的动态表现得淋漓尽致，生动体现了骏马奔驰与飞鸟争先的瞬间；奔马形体矫健，造型优美，极具神韵。该器堪称我国古代雕塑艺术史上神奇而稀有的瑰宝，是一件源于生活而又高于生活，极富浪漫色彩和想象力的艺术杰作。

由于"铜奔马"这件艺术品，极其珍贵，艺术价值极高，所以1983 年 10 月，国家旅游局在数以千计的珍贵文物中确定中国旅游标志时，"铜奔马"一举夺魁，被确定为中国旅游标志。1984 年，甘肃省武威市人民一致选定"铜奔马"为武威市城市标志。1996 年，"铜奔马"又被国家文物局专家组鉴定为国宝级文物。2002 年，"铜奔马"被列入国家首批禁止出国展览的珍贵文物。

目前，中国有关部门已经向联合国教科文组织正式提出申请，欲将"铜奔马"作为世界旅游标志。可以肯定的说，这件精美的艺术品必将继续大放其光彩，为世人所喜爱和着迷，它不仅仅是我们甘肃的，也是中国的，还将会是全世界的。

（二）武威雷台汉墓出土的铜马俑仪仗队

甘肃武威雷台汉墓，是一座非常有名的墓葬，从中出土的陪葬品除铜奔马外，还出土了一组由铜铸武士俑、铜车马等组成的气势磅礴、威武雄壮的庞大仪仗队伍，这在世界上是独一无二的。

在雷台汉墓铜车马俑仪仗队这组陪葬品中，主车、舆车通长 36 厘米，马高 40 厘米，奴婢俑高 19.5～24 厘米。铜车马出行仪仗由 38 匹铜马、1 头铜牛、1 辆斧车、4 辆轺车、2 辆小车、3 辆大车、1 辆牛车、17 个手持矛戟的武士俑和 28 个奴婢俑组成。这是国内迄今发现数量最多的铜车马俑仪仗，气势宏大，铸造精湛，显示出汉代群体铜雕的杰出成就。

武威雷台汉墓出土的铜车马俑仪仗队 |

（三）甘谷东汉铜铸马

据《甘谷史话》记载：甘谷县自古文化较为发达，出土文物也较多，数十年来所出土铜器、石雕、砖雕、漆器等，在省内都是很有名的，尤其东汉铜铸马不但具有很高艺术价值，而且具有很高史料价值。

| 甘谷出土的东汉铜铸马

1972 年冬，从甘谷县新兴镇头甲村一汉墓内出土一尊东汉铜铸马，受到考古工作者高度重视。若从其外形来看，这尊铜马呈站立姿态，身躯膘肥体壮，头部方正，棱角显露，双耳竖立前倾，眼睛大而有神，鼻孔翕张，昂首嘶鸣，前一腿直立，一腿提起，后腿稍弯曲，尾巴上举，身高 62 厘米，长 59 厘米。铜马表现出机警雄骏、久经沙场的彪悍气势。

甘谷县东汉铜铸马现收藏于该县博物馆。这是一件铸造工艺水平高、器型颇类武威铜奔马的罕见文物，对当地冶金业、铸造业、金属工艺水平以及同武威铜奔马之间关系的研究，都具有重要价值。

（四）张掖铜马

在张掖市境内的郭家沙滩、葫芦墩滩、三闸北山坡、四角墩等处汉墓中都出土有铜马，其中以葫芦墩滩和四角墩出土的铜马最为完整和精致。葫芦墩滩出土铜马通高 41.6 厘米，体长 39.5 厘米，宽 11.2 厘米。铜马头额阔颊丰，顶饰马冠，双耳前竖，眼眶突出，双眼圆睁。铜马颈细而长，胸部厚宽，背腹皆宽平。铜马四肢短而矫健，关节突出，尾根高。葫芦墩滩铜马有鞍辔、障泥等工具和装饰物。四角墩出土的铜马四足伫立，昂首嘶鸣，马头长方，两小耳前竖，额上有冠饰，马眼大，瞳亮，睫毛清晰，颊瘦，鼻平直，颈细长有力，马鬃分披。胸部肌肉发达，背腰既宽又直，但显得较短，四肢长而关节突出，尾根高，用阴线刻出尾毛。马背上备有鞍，由阴线表示颊带等。比较而言，张掖铜马比例合理，结构准确，体态匀称，动态造型写实，工艺精美，比较成功地表现了战马久经战场的神态，是古代铜雕中的精品。

（五）定西出土的双马咬斗铜饰牌

目前，在甘肃省博物馆正在展出的"双马咬斗铜饰牌"，据考为罕见的唐代文物，出土于定西。这一铜饰牌，有一个意象化的不规则的类似树枝的长方形框栏，框栏内咬斗的两匹马由树枝连接成整体。框内两马咬斗，颇为激烈，其中右面马咬住左面马后脖颈，左面马咬含住右面马左前腿。这框中两马咬斗形体与动作，完全起一种装饰作用。

六、遍布陇原的民间养马

草原广阔的甘肃大地，为民间发展养马业提供了优越条件。自古以来，不仅所有游牧民族大量养马，并形成了"马背民族"，而且陇上各地汉族农民也很重视马匹的繁殖和饲养，为生产与生活创造了便利条件。在古代，战争颇为频繁，为夺取战争胜利，草原民族和汉族，都曾将马匹集中起来，配备给军队，组建成骑兵，参加作战，从而形成了冷兵器时代战无不胜的"铁骑"，并在历史上留下了美名。

（一）少数民族养马

甘肃省的少数民族，在古代历史上大多是游牧民族，养马历史非常悠久。据记载，各少数民族在历史上都曾繁殖、牧养了不少优良马种，有的优良马种还保纯至今，为此各民族人民引以为豪。近几十年来，各民族对优良马种倍加爱护，科学养育，努力保纯，尽力防止良种失传。

1. "河曲马"牧养久盛不衰

"河曲"，是黄河自青海省发源后东流途中所形成的第一段大弯曲河段，其位于甘肃、青海和四川三省交会处。这段黄河河段，先东南流，继而以弧状北流，再转向西北流，从而在这个地区之内围出了一片袋状之地，故史称"河曲"。黄河河段所围成的袋状地区，属今甘南藏族自治州玛曲县。"河曲"之内，历来都是小型沼泽与广阔草原相间、水与天一色的肥美草原，主要包括万涎滩、文保滩、乔科滩等几部分，当地历来称之为"河曲水浒"。这一袋状草原地区，呈西北—东南方向伸展，其东南部分大体是平地草原，而其西北部分大体则是山地草原。这里也是黑颈鹤、白天鹅、黄鸭、黄羊、藏原羚、梅花鹿等的珍禽异兽栖息乐园。正是由于玛曲县"河曲"袋状地区之内具有这种得天独厚的自然条件，从而成了著名"河曲马"的主要故乡。

"河曲马"，亦称"乔科马"，史称"吐谷浑马"，而俗称"南番马"、"辖麦马"、"唐昆马"等。它与内蒙古三河马、新疆伊犁马被誉为中国三大名马。这种马是一种古老马种的后代，已知其繁育有着3000多年的悠久历史。据载，西周、春秋战国时期，中原人称生活在青藏高原的居民为"西戎"和"西戎羌"。周穆王西征犬戎时，曾"获其五王，又获四白鹿"，意即周穆王曾到达以"白鹿"为图腾的西北羌人地区，并与河曲羌人发生了战事。《后汉书·西羌传》记载说：秦厉公时，河源间羌人首领"爱剑教之田畜"，开始重视发展包括养马在内的农业和畜牧业。

河曲地区的养马业在两汉以后逐渐发展，当吐谷浑融合羌人兴起于青藏高原后，曾出现了"吐谷浑马"。《新唐书·吐蕃传》亦曾有"九曲者，水甘草良，宜畜牧"和"畜牧蔽野"的记载，从此也可知河曲地方养马业之盛了。在蒙古兴起北方草原后，先西征，再南征。元朝建立时期，忽必烈为了征大理，曾经在"河曲"草原设置过驿站和"群牧所"，大量牧养过军马。此后，"河曲"地区民间养马业一直盛而不衰。

"河曲马"之所以成为名马，是由这种马自身具有的诸多特点所决定的。据有关资料记载，"河曲马"头稍长大，直头居多，亦有兔头或半兔头；颈长中等，颈肩结合良好，头颈昂举适度；眼大小适中，如秋水；鼻孔大而开张，唇厚，多数马的下唇略垂；胸肌发达，背腰平直，腹形正常不下垂，腰尻结合处略隆起；耳长尖灵活，为桃形，两耳距离近；四肢粗壮，前肢正常，后肢略呈刀状，细长中等，具弹力而软，肢关节腱有力；蹄广平，大小适中，蹄质疏松，有龟裂者较多；性情温顺，易调教，较易管理；公马富有悍威；毛色以黑、青为主，也不乏骝色、栗色之马，部分马的头部和四肢下部还有白章。据测算，"河曲马"平均体高132～139厘米，体重350～450千克，1000米跑速1分29秒6左右。这种马公认是一种优良的骑乘、挽用型马，正常挽力45～50公斤，驮载50～75公斤物品日行40公里。河曲马耐持久，适应高寒条件，能翻越4000米以上山地，在低海拔平原川区也有较好的适应能力，同时容易恢复体力。对湿润、低气压的恶劣气候也有相当适应能力，还具有耐粗饲料、食欲旺盛、消化力强、能抗多种疾病、夏秋上膘快、冬春掉膘慢的特点。

河曲马的繁殖能力也比较强。据记载，营养良好的河曲马一周岁时开始有性活动，一般两周岁开始配种，三岁产头胎，也有少数马三周岁开始配种，四岁产头胎。繁殖年限公马为12～13年；母马15～16年，6～12岁为盛产期。河曲马的受胎率，据2530匹适龄母马统计为67.05%。河曲马场二队1968—1978年，平均繁殖成活率为60.82%。

中华人民共和国建立后，这里先由中国人民解放军管理，命名为"八三军马场"（以管理部队番号命名），当地曾经给解放军提供了大量优质战马。1952年12月，甘肃省农业厅甘坪寺种畜场向西北军政委员会畜牧部提出了《南番马更名为河曲马》的建议报告。1953年5月，西北军政委员会畜牧部批准正式将"南番马改名为河曲马"。1958年6月，设立了国营河曲马场，从此开始对河曲马进行科学保种选育工作。1962年，河曲马征调入中国人民解放军骑一师，期间曾深入海拔5000～

6000 米的中印边界地区参加自卫反击战，将越界侵入我国的印军全部
分割、包围，迫其投降而荣立战功，因此我国将河曲马从四类提升到二
类。从此国家更加重视对河曲马的培育，不断投入大量财力、物力、人
力，终于使河曲马有了划时代的发展。1963 年，马匹数量一度达到 700
余匹，马场后由兰州军区接管，并正式命名为"兰州军区河曲军马场"。
1969 年，经甘南藏族自治州革命委员会批准，从国营西柯河羊场和欧
拉公社划拨草场 60 万亩，军马场进一步扩大。此后，河曲马场占地面
积扩大到了 466 平方公里，折合亩数为 699009 亩。1970 年，按照河曲
马的育种计划，军马场从玛曲县曼日玛、阿万仓乡选购正宗的河曲母马
50 匹，从碌曲县选购母马 20 匹，进行河曲马的培育工作。到 1974 年 7
月时，军马达到 3700 余匹，其中绝大部分是河曲马，另有少数马与青
海马、蒙古马和伊犁马有着血缘关系。1976 年 7 月，甘肃省革命委员
会批转兰州军区后勤部、军需部、省农场《关于河曲军牧场交接情况的
报告》，正式将"河曲军牧场"及兰州采购站一并交由地方，又与河曲
种畜场合并，改称"甘肃省良种牛羊试验繁殖场"。1979 年 2 月，改称
"甘肃省河曲种畜场"，由甘肃省农牧局直接领导。经过数十年选种、繁
殖、改良等工作，现已培育出来的新马种其体态优美、体魄强健、毛色
纯正，比其母体在诸多方面都有了很大优化。据统计，1949 年，玛曲
地区河曲马存栏数为 1.49 万匹；1985 年，河曲马存栏数一度上升到
3.72 万匹；到 1990 年底，河曲马存栏下降为 3.68 万匹，这仍然是一
个相当可观的数字。

河曲马的繁盛，除批量输送军队外，还反映在这种马匹的国内外销
售方面。据统计，河曲马一般销往甘南州各地、陕西及邻近地区，1984
年还曾销往香港和英国。另据统计，从 1958 年至 1990 年底仅销往全国
20 个省、市、自治区的河曲马多达 22964 匹之多。时至如今，河曲马

场仍呈现出欣欣向荣的景象，在它带动下当地业已成为一处高原知名旅游景区了。

2. 天祝岔口驿马奔驰如飞

天祝县岔口驿，是古代丝绸之路上的一个驿站，其周围地区盛产良马，史称岔口驿马。岔口驿马是一种"走马"，这种马具有神态雄骏、灵敏易驯、挽乘兼宜、蹓蹄善走的特点。岔口驿马由西域汗血宝马和祁连山马杂交而来，其走路颇为特别，可分"大走"与"小走"。"大走"即快跑，"小走"即慢走。不论"大走"，还是"小走"，运蹄都很自然、轻捷连惯、步履如一，似在进行舞步表演。岔口驿马的头型正直而额宽，眼大而眸明，耳尖而立，鼻孔大，颈多呈 25 度至 30 度的斜度。其前胸宽，胸廓深、宽，背长，腰短宽而有力，腹部充实，臀肌发达，蹄质坚硬，毛多骝色。唐、宋时期，多为贡马、军马，清代以来，各地客商纷纷前来购买走马，曾运到西藏、青海、内蒙古、新疆、陕西等地。在全国少数民族运动会上，天祝走马曾一展雄姿，奔驰如飞，使观众大开眼界。

（二）汉族家户养马

在历史上，甘肃农业区由于地广人稀，到处都分布有大、小不等的牧山、沟谷，所以各地草场都较广阔，这为汉民族养马提供了有利条件。历史上农民个体、分散养马数量很多，不过其详情不仅记载少，而且即使有记载也极简略，很难与官府养马情况相比较。甘肃广大农业区养马，与自然环境条件密切相关，所以那些川区和干旱原区养马则较少或不养马。

据文献记载，甘肃民间养马约始于西周，春秋、战国时期民间养马业初步发展，西汉以后，分散、个体家养马匹情况进一步发展，且屡见文献的记载。

东汉时期，凉州畜牧业发达，存在着"牛马衔尾，群羊塞道"的盛况。当时廉洁的姑臧长孔奋，因离职离开姑臧时，县内百姓征集"牛、马、器物千万以上，追送"，孔奋拒收，说明当时姑臧马匹很多。永和三年(138年)冬，东汉打败羌人，从金城郡获得马 1400 匹。

1. 古代汉族地区民间养马概况

(1) 北宋时期陇右民间发达的养马业

从宋神宗熙宁年间(1068—1077)起，宋代马政发生了新的变化，尤其是熙宁五年（1072年)以后，各地牧监被废弃，北宋政府为了及时补充战争中马匹的消耗，不得不扩充战马的来源。在此后宋代马政发展过程中，陇右地区民间养马逐渐占有重要的地位，这主要表现在：一是北宋时期陇右地区民间养马业十分发达；二是陇右地区是北宋政府与西北少数民族通过茶马交易获得战马的主要来源之一。宋神宗熙宁年间(1068—1077)，王韶等人积极以武力经略熙河地区，遂使北宋王朝在西北的疆域版图迅速扩张，从而陇右地区在宋代马政发展过程中也发挥了更为重要的作用。

根据史书记载，北宋民间养马地主要集中在泾（今甘肃省泾川县)、宁(今甘肃省宁县)、阶(今甘肃省武都县)等县。宋神宗时期开拓熙河地区，北宋民间养马范围也随之扩大，如"熙河一路数州，皆有田宅、牛马，富盛少比"。

另外，秦陇地区吐蕃诸部的归附也在一定程度上促进了当地民间养马业的发展。从北宋初期开始，居住在陇右地区的众多吐蕃部落先后内附，而这些吐蕃部落是以游牧为主要社会经济活动的。北宋政府对秦陇地区的内属蕃部实行以族帐或部落为组织形式，采取隶属于州县的管理体制，这对民间养马业的发展起到了很好的促进作用。

（2）会川马半坡牧马盛况

渭源县会川镇之东四里地方，南邻公路，东、北、西三面被小南川河包围的村子名叫河里庄。河里庄村西约一里处即麻家屲山西端靠近公路处出露的大石头有上、下两片厚石板（"文化大革命"期间已砸掉），形似张开的蛤蟆嘴，以此之故河里庄村习惯上又被称蛤蟆石村。今在河里庄居住的村民，大多为侯姓，他们的祖上在清朝雍乾年间，是个大户人家，当时这家还曾有人在朝廷做官。相传这家人养着好多马匹，经常赶到阳屲山坡上去放牧。

河里庄村之北的阳屲山，历史上是座牧山，面对河里庄村的阳屲坡的上半部有一大片比较平缓的山坡，人们习称"马半坡"。相传，很早以前，河里庄村侯姓人家将养着的马匹经常赶到阳屲山坡上比较平缓的地方去放牧，每当侯姓人家牧马之时，马匹就布满了半山坡。这种情况月复一月，年复一年，因此，当地人们就称阳屲山坡为"马半坡"。

2. 近现代汉族地区养马遍地开花

（1）陇东民间养马业持续发展

在陇东地区，分布于子午岭西麓各县和关山以东各县，据新编县志记载，由于有关县山区自然环境优越，所以养马较多，现综述如下：宁县在 1949 年有马 400 匹；1985 年发展到 3600 匹，主要分布于西南原区，用于拉运和耕作。品种以蒙古马、河曲马为主，也有少量引进的良种杂交马后代。从 1958 年以后，引进过苏联卡巴金纯种公马一匹、杂种马 7 匹、沙毛苏维埃重挽马 1 匹、天祝岔口驿种公马 9 匹、母马 20 匹、甘南河曲种公马 2 匹等，民间还购买了大批甘南马。现分布最广的是河曲马杂交后代。卡巴金马杂种后代约有二三百匹。正宁县现有内蒙古马、新疆伊犁马、甘南河曲杂种马等品种。在 1950 年有马 200 匹，1985 年有马 900 匹，2006 年有马 268 匹。环县在 1934 年有马 208 匹，

1949 年有 400 匹，1978 年有 2762 匹，1985 年有 2635 匹。

华亭县 1943 年有马 384 匹，1947 年有马 98 匹，1987 年骡马共有 3009 匹。崇信县在 1934 年有马 76 匹，1949 年有马 203 匹，1980 年有马 649 匹，1990 年有马 159 匹。崇信县很重视优良马种的引进，1963 年从新疆、内蒙古引进种、役马 823 匹。1973 年从肃南、天祝引进种马 4 匹。1990 年有良种马及改良马 101 匹，占全县总马匹数的 63.5%。泾川等县也养有民马，但数量不多。

(2) 陇南民间养马简况

陇南各县养马还是比较多的，其中成县的马主要是川马、河曲马及杂交种马。据对 128 匹 6 龄公马测量，一般体高 116 厘米，体长 122.6 厘米，胸围 137 厘米。母马一般体高 111 厘米，体长 120.3 厘米，胸围 134 厘米。在 1949 年时有马 355 匹，1980 年有马 864 匹，1985 年马匹总数达到 1460 匹。文县马一般体小，适宜山区使役，可负重 75 公斤左右，能日行 30 公里，拉山地步犁耕河坝水浇地一日约 2 亩。文县的马，有本地马、卡拉巴依马、苏联速步马、河曲马等品种。1949 年有马 1600 匹，1988 年有马 5500 匹。康县马匹较多，1949 年有马 1186 匹，1956 年有马 3245 匹，1962 年底有马 2748 匹，1985 年有马 2794 匹。两当县马匹很少，在 1949 年有马 31 匹，1956 年有马 74 匹。徽县在新中国建立后，曾引进过河曲马、卡拉巴依马、利塞斯速步马、西南马等品种。在 1947 年有马 300 匹，1950 年有马 302 匹，1965 年有马 720 匹，1990 年有马 366 匹。

(3) 陇中各县养马简况

陇中各县养马一般较多，品种也较杂。临洮县马匹，一般属土种蒙古马型，主要分布于潘家集、苟家滩、三甲、衙下、康家集及东北部塔湾、上营、上梁、峡口等地。1958 年曾引进奥尔洛夫、俄罗斯等兼用型马及富拉吉米尔重挽马等良马种。1949 年有马 412 匹，1985 年有马 8761 匹。陇西县在 1949 年有马 815 匹，1971 年有马 1504 匹，1985 年有马 6715 匹。通渭县原有马匹，属蒙古血统，体格中等而粗壮，性情较温顺，富耐久力。自 1960 年以来，逐年从内蒙古、新疆、甘南等地购进部分役马，后又引进少量河曲马，进行马种改良。1949 年有马 510 匹，1963 年有马 700 匹，1979 年有马 3556 匹，1985 年有马 4694 匹。榆中县境内在民国时（1923 年）曾由当时的甘肃省政府设过马啣山马场一处，养马 300 匹。1927 年有马 800 匹，1949 年有马 1055 匹，1990 年有马 2872 匹。永登县在当代养马较多，其中 1991 年有马 13543 匹，1994 年有马 12953 匹，1997 年有马 8085 匹，2001 年有马 9122 匹，2004 年有马 7100 匹。会宁县处于黄土高原，养马较少，1990 年有马 2600 匹，2005 年有马 2000 匹。

（4）临夏州、甘南州各县养马概况

临夏州、甘南州各县境内，草原分布较为广阔，养马也较多。现简介各县养马资料如下：

在临夏回族自治州各县，大多数马为河曲马和蒙古马。1985 年，临夏全州有河曲马 14100 多匹，蒙古马 3000 多匹。河曲马主要分布于州内高寒阴湿区，而蒙古马则主要分布于黄土丘陵沟壑区。临夏县在 1950 年有马 1000 匹，1978 年有马 2100 匹，1985 年有马 3500 匹。和政县在 1935 年有马 200 匹，1956 年有马 1200 匹，1985 年有种公马 18 匹，改良马 3100 匹，占马匹总数的 94%。《康乐县志》记载道，县内大家畜有马、牛、骡等，民国二十四年(1935 年)，有马 3108 匹；到了 1985 年，马匹数达到了 6353 匹。家养马的农民主要分布在县西南部山区的白王、苏集、八松、鸣鹿、八丹、普巴、上湾、草滩、五户、景古、莲麓等乡。

甘南藏族自治州各县养马情况，据 1941 年的统计，包括夏河、卓尼、临潭等县，共有马匹 102511 匹。这里再就以下两个县养马情况予以简介：临潭县的马以河曲马为主，基本采用同种繁育方法，至 2006 年马存栏 1689 匹。迭部县在 1949 年有马 2300 多匹，1962 年有马 511 匹，1975 年有马 1864 匹，1990 年有马 3272 匹。

(5) 河西走廊各县养马概况

河西走廊张掖、武威、酒泉三市及属县，现所收集到有关养马资料以张掖市为最多，而其余二市则较少。

张掖市早在 1916 年有马 1200 匹，1927 年有马 3500 匹，1945 年有马 4320 匹，1956 年有马 4109 匹，1990 年底有马 5348 匹。在此后，还引进过苏联卡拉巴依马等。临泽县所饲养马为蒙古种马，外貌略显笨重，体型中等，体质结实，毛色以紫、黑、青、黄居多，1959 年后又引进了外国优良品种，至 1984 年繁殖马驹 108 匹。 高台县于 1958 年后，陆续引进河曲、浩门、阿尔登、苏维埃等马种，1988 年有马 5446 匹，其中杂种马占 20%。民乐县牧养有河西马和杂种马，新中国建立后曾积极引进外地优良品种马，改良河西马，到 1990 年底，全县有马 9701 匹，其中河西马 5300 匹，杂种马 4401 匹。山丹县在 1943 年养马 2882 匹，1949 年有马 2003 匹，1955 年有马 3851 匹，1988 年有 8358 匹。自 1958 年起，先后引进小型阿尔登、佛拉吉米尔、卡拉巴依、顿河种公马 10 匹，用以改良当地马，产杂种马 338 匹。经多年努力，业已育成我国军马第一个新品种——山丹马。

河西走廊其他各县民养马较多。瓜州县 1986 年有马 5096 匹，1990 年有马 3092 匹，2000 年有马 1155 匹，2005 年有马 417 匹。景泰县 1991 年有马 3500 匹，2000 年有马 1300 匹。永昌县马的品种较多，其中主要有莫尔干马、河曲马、岔口驿马、六源马（皇城马）和蒙古马等，在 2005 年底有马 1300 多匹。

（6）天水市部分县养马简况

张家川县设有牧场，其中白石嘴牧场在 1961 年时有马 50 匹，1989 年有马 650 匹；五星牧场在 1983 年有马 96 匹，1987 年有马 2700 匹。秦安县 1949 年有马 300 多匹，1958 年有马 1125 匹，1979 年有马 6551 匹，1989 年马匹数 83 匹。

甘肃省汉族地区养马的基本特点主要是：处处养马、遍地开花、土种为主、引进良种。如果再把少数民族养马盛况综合一起来看，甘肃省民间养马业较为发达，养马地区遍布全省各地，因此将甘肃省称作"马的国度" 是名符其实的。

七、久负盛名的官府养马

自西周以来，各统一王朝多在今甘肃地区的山区与草原由官府办马场养马并形成了传统，而且养马场规模还相当宏大，所养马匹也很多，其业绩都受到历代史家称赞。现在我们依据所见资料予以简介：

（一）周孝王使秦祖非子养马汧渭间

西周王朝自建立以来，坚持实行以农立国之策，遂使畜牧业发展有所不足。西周王朝逐渐强盛以后，拥有了辽阔疆域，但要能够有效统辖与管理也实在不易，加之要对进犯边地的戎狄族进行防御，所以对马匹的需求自然也就迫切起来了。西周中期以后，由于长期对外战争，导致国力衰弱，战马损耗严重。周孝王继位以后，为了振兴西周王室，于是决定开辟"汧渭之间"牧场进行战马的繁殖和养育。

1. 秦祖非子为周养马汧渭之间概况

嬴秦族人历来具有养马的优良传统，早在首领大骆率领下从东方西迁犬丘（位于关中西部）后，就与西北犬戎部落杂居共处，畜牧业获得迅速发展，从而积累了丰富的养马经验。周孝王为振兴养马业，遂召见以擅长养马而闻名的秦祖非子，并委任其主持"汧渭之间"牧场马匹的繁育事务。秦祖非子获得了巨大成功。

秦祖非子在汧渭之间牧场为西周主持养马详细情况，由于史书记载缺乏，确已难以详细考究。不过，《史记·秦本纪》有记载称：秦祖"非子居犬丘，好马及畜，善养息之。犬丘人言之周孝王，孝王召使主马于汧渭之间，马大蕃息"。既然司马迁有"马大蕃息"的说法，这就证明非子在汧渭之间牧场的养马是十分成功的。当时，周孝王为了奖励非子的养马功劳，想要让秦祖大骆立非子为嗣子，虽然因申侯的劝谏而作罢，但是又另外册封非子于秦邑，"使复续嬴氏祀，号曰秦嬴"。这也能够从侧面说明非子在汧渭之间牧场为周养马的巨大成功是属实的。

2. 秦祖非子在汧渭之间牧场养马成功的自然条件

秦祖非子养马"汧渭之间"获得成功，主要自然条件是当地具有优良的天然牧场。《史记·秦本纪》所记载"汧渭之间"，可以理解为今天陕甘两省交界的陇县和张家川县之间陇山及其以南大片地区。这里有我国内陆陕甘间最大的天然草原——关山草原，历来被誉为"小天山"。

关山草原，平均海拔约 2200 米，受垂直地带性地理条件的影响，终年气温较低，冬春无界，春秋相连，素有"关山六月犹凝霜"的客观描写。当地森林沿圆润柔和的山体从上到下呈放射状分布，又与广阔肥腴的草原相间，形成了独特的地理条件。这里组成牧场的山峦重重叠叠、蜿蜒起伏，与舒缓宽阔的山谷坡地密切衔接、延绵不断。山区幽涧与水泽穿行于腹地，或囤积成片分布在大大小小的草坡上，或穿行于森林间，使得牧场地面表层常年较为湿润。由于这里的地貌与欧洲中部的阿尔卑斯山相似，幽涧水泽兼具，草原森林相间，地势广阔，水肥草美，牧马成群，景色秀丽，所以又被称为"具有欧式风情的游览胜地"，很适于养马。

3. 秦祖非子为西周养马的历史影响

秦祖非子在汧渭之间为周养马获得成功，对周、秦双方都具有重要影响，历代史家对此都予以充分肯定。

(1) 为振兴西周王朝打下了基础

从周康王时代起，周王室开始大规模地对外征战，以谋求继续扩充疆域，但当时用兵方向主要是江汉与江淮一带的东夷部落。直到周穆王统治晚期，淮汉诸夷对周王室的军事威胁基本解除，这才开始大规模向西北诸戎部落用兵，由此深刻影响着西周中晚期政治发展的走向。在周穆王征伐江淮诸夷部落的战争中，"徐偃王作乱，（秦）造父为穆王御，长驱归周，一日千里以救乱"。看来，战马的使用是周王室迅速平定江淮东夷部落叛乱的重要保证。从周穆王开始，周王室注意培育、繁殖马匹，以满足日益频繁对西北戎狄部族战争的需要。根据《后汉书·西羌传》记载，周穆王曾经发兵征讨犬戎部族，"获其五王，又得四白鹿、四白狼，王遂迁戎于太原"。

周孝王继位后，为了振兴西周王室，抵抗西北戎狄部落对周朝边境侵扰，在一定程度上继承了周穆王时代培育战马的政策，选择汧水、渭水之间土壤肥沃的天然牧场大规模繁殖马匹。非子主持汧渭之间牧场后，由于经营管理有方，收到了"马大蕃息"的良好效果，为孝王、夷王时代对西北戎族作战胜利奠定了坚实的军事基础。周孝王利用汧渭之间牧场繁育战马的优势迅速提升了西周军队的战斗力。周孝王在对西北戎族的战争中不断取得胜利，一定程度上扭转了自周懿王以来"王室遂衰，戎狄交侵，暴虐中国，中国被其苦"的不利局面。根据《竹书纪年》记载，周孝王"五年，西戎来献马"，这显然是周王朝在对西北戎狄部落政治军事策略方面的一次胜利。后至周夷王时代，依靠孝王时期的军事积累，为彻底根除西北戎族不断侵扰的祸患屡次出兵攻打西戎诸部，取得了较大军事胜利。另据《后汉书·西羌传》记载，"夷王衰弱，荒服不朝，乃命虢公率六师伐太原之戎，至于俞泉，获马千匹"。综上所述，周孝王时代，任用秦祖非子主持汧渭之间牧场大规模繁殖马匹获得巨大成功，从而为西周中后期对西北戎部落作战胜利奠定了坚实的军事基础，在一定程度上实现了西周王室的振兴。

（2）为秦族的立国奠定了基础

秦祖非子养马大获成功，深得周王室的赏识。周孝王为了奖励非子的功劳，本想让他日后接替秦祖大骆的爵位，但是遭到了与大骆联姻的王室权臣申侯的反对。于是，周孝王改变了对非子的褒奖方式，经过一番利益权衡，决定保持大骆家族权位继承传统不变，另从王畿内划出一片土地，封非子为"附庸"，"邑之秦，使复续嬴氏祀，号曰'秦嬴'"。这一举措不仅改变了非子本人的命运，也决定了日后嬴秦族的发展命运。秦祖非子受封秦邑，实际上通过别祖离宗建立了新的政治实体，开创了秦人历史发展的新纪元。

非子被封为"附庸"，一方面意味着非子本人别祖离宗，从大骆母族中分离出来形成新的政治实体；另一方面，也意味着嬴秦族正式融入西周宗法分封体制，更直接地接受周王室的统领和保护，强化了对周王室的隶属关系。后来，大骆一族被犬戎灭亡，嬴秦族依赖非子一族的奋斗才得以重新崛起。自非子封邑于秦之后，"秦"的地名便一直和这支嬴秦族人密不可分，不仅随着嬴秦族体的转移而转移，还由邑名逐渐演变成国名，继而发展成朝代名称，最终成为一种复合意义的专称了。

后来，秦人经过不断地努力，直到襄公助周平王驱逐犬戎，因功被赐封为诸侯，秦国得以立足于西北地区，从而凝聚和积累了后世中国实现大一统的政治、军事能量。显而易见，秦祖非子为周孝王养马汧渭之间，客观上成就了西周和秦两国的基业。

（二）名垂史册的秦国养马业

秦国畜牧业的发展有着悠久的历史，根据《史记》记载，秦人的祖先伯益曾经"佐舜调驯鸟兽，鸟兽多驯服"，故被赐封嬴姓。周孝王时期，伯益之后"非子居犬丘，好马及畜，善养息之。犬丘人言之周孝王，孝王召使主马于汧渭之间，马大蕃息"。周王室又将养马有功的非子封为附庸。此后秦人的兴起，正得益于他们祖先丰富的养马经验，这种经验为后来秦国不断地走向强大创造了条件。

秦国养马业的发展，史书中记载很少，不过，考古资料与简牍中立法文书，则为后世提供了较多研究资料。

1. 秦始皇陵地区考古发掘反映的秦国养马业

秦族人在西周中期以后活动于今甘肃礼县大堡子等地，并设秦亭于今清水县境陇山西麓，至西周后期已成为陇山以西地区的一支强大力量。西周末年，犬戎与申侯伐周，杀幽王于骊山之下，"秦襄公将兵救周，战甚力，有功"，继而襄公率兵送周平王至洛邑，"平王封襄公为诸侯，赐之岐以西之地"，从此秦国正式建立（《史记·秦本纪》），并拥有了陇山及其东、西广大适宜养马的地区。正因这样，所以自秦国建立之后，养马业一直兴旺发达，秦始皇陵（以下简称秦陵）地区所出土与马有关的遗迹遗物就充分说明了这一点。秦陵范围内出土的数量众多马的实物资料，反映了秦国养马业发展的盛况。

秦陵的陪葬坑和陪葬墓很多，从陪葬坑中出土的有真马遗骨、陶马及铜马三种。目前，已发现用真马陪葬的秦陵马厩坑有两处：一处位于秦陵东侧的上焦村一带，西距秦陵外东墙约 350 米，共发现 98 座马厩坑，均东西向，马头朝西，俑面向东，坑内的马骨基本保持完整，有的置于长方盒状的木椁内，应是杀死后埋入的；有的马腿部有麻绳痕迹，四肢作挣扎状，说明是被活埋的，而且马头前放有装马饲料的陶盆和马饮水用的陶罐。另一处位于秦陵西侧内外城垣之间，马厩坑中马的骨骼基本保持完整，以三匹马为一组置于长方盒状的木椁内，密集排列。陶马的大小与真马相似，主要出土于秦陵东侧 1.5 公里处的兵马俑坑。根据钻探和试掘情况分析，秦陵兵马俑坑内共埋陶马 600 余匹，骑兵鞍马 116 匹。铜马的大小是真马体形的 1/2，出土于秦陵封土西侧约 20 米处的铜车马坑，目前出土数量仅为 8 匹。

综上所述，在秦人的整个发展过程中，养马业的发达给他们带来了不尽的好处，事实上养马业成了秦国的经济支柱之一，它发展的程度强烈影响着秦国称霸目标实现的进程。当时陇山之西大片适宜养马地区为秦国所有，这无疑说明秦陵陪葬坑中所出土众多马匹遗骨中，有一部分自然是来自今甘肃地区的马匹。

2. 养马立法所反映秦国养马业的繁盛

秦国养马业能够高水平发展，这除了嬴秦民族擅长经营养马业这一历史原因之外，更为重要的还在于秦政府为保护畜牧饲养业发展所采取的一系列行之有效的政策。这些政策奠定了秦国推行军事强国以及最终实现称霸目标、完成中国统一大业的政治基础。20 世纪 70 年代以来，随着《云梦秦简》的出土和整理，人们发现秦代已制定了养马养牛的厩苑律，而且其内容之广泛、条文之细致、规定之明确，实在是超出了学者们的想象。总之，秦代养马立法是具有开创意义的举措，具体内容表现在以下五个方面：

第一，秦代依据法律对各地养马业进行考核。根据法律规定，秦政府每年对各地养马的情况进行一次大规模考核，尤其是对养马官员的政绩进行考核、处罚，而且极为严格。

第二，秦律规定对马匹严格保护。《云梦秦简·秦律杂抄》对于驾车过程中以策伤马的不同深度及相应的处罚标准都做了具体的规定，即"伤乘舆马、决革一寸，赀一盾；二寸，赀二盾；过二寸赀一甲"。

第三，秦律对马匹的训练也有明文规定。如"课驺骠，卒岁六匹以下到一匹，赀一盾。"尤其是关于军马的训练秦律处罚更加严格。凡是供骑兵使用的马匹，体高达到"五尺八寸以上，不胜任，奔挚不如令，县司马赀二甲，令、丞各一甲"。

第四，秦律关于马的标记问题也有具体规定。秦代法律规定，所有马都得打上标记，假若标记打错了则要罚"官啬夫一盾"。

第五，秦律还规定了马病的防治问题。"诸侯客来者，以火炎其衡轭炎之可（何）当者（诸）侯不治骚马……"所谓"骚马"是马身上的一种寄生虫。这是目前世界上最早的有关动物检疫及马病预防的法律文献。

秦国一系列有关养马业的法律条文，为养马业的蓬勃发展提供了可靠的法律保证。这些法律条文是我国养马史上最早的法律文献，它在中国法制史的研究方面也有着极为重要的意义。也正是由于先进的养马技术及养马法的实施极大地推动了秦国养马业的发展。一批批骠肥体壮、训练有素的战马被源源不断地输送到军队中，从而为秦国的统一战争提供了必要的物质保证，也为后世诸王朝发展养马业提供了宝贵经验。春秋战国和秦朝时期，在秦国繁盛的养马业中，当时的甘肃人民的贡献自然也不小。

（三）山丹马场名扬天下

山丹，曾名删丹，为张掖市所辖之县，位于河西走廊中东部。根据《山丹县志》记载，删丹古城位于焉支山谷地钟山寺附近。山丹县境，秦朝属月氏牧地，汉初归匈奴管辖。汉武帝时期，出兵收复河西走廊，陆续设置酒泉、敦煌、武威、张掖四郡。公元前104年，西汉政府设置删

| 山丹马场奔驰的马群

丹县；北魏改名山丹县；隋朝恢复删丹县。北宋时期，山丹县属西夏管辖，设置甘肃军；元代设置山丹州；明初改置山丹卫；清代改置山丹县，属甘州府管辖。在历史上，山丹县因设马场养马而名扬天下。

1. 山丹成为著名官府养马场的自然条件

山丹马场东起永昌县高古城堡，西至民乐县永固堡，南屏祁连山，北据焉支山（即今大黄山），拥有天然草场和丰盛的水源。它那连天碧草、祁连松雪、奇异地貌及冷龙岭北麓的大马营草原，地形平坦，地势由南向北倾斜，土壤肥沃，牧草繁盛，风光秀美，适宜养马，素有"丝路绿宝石"的美称。自汉武帝开辟河西四郡，驻兵屯垦以来，山丹马场是历代屯兵养马的要地，受到历代封建统治者高度重视，经历2000多年发展，驰名海内，尤其是隋唐、明清两个时期，山丹马场获得巨大发展，在一定程度上反映了中国古代马政的兴旺发达。晚清以来，山丹马场虽然经历了陕甘回民起义，遭遇了空前的浩劫，但如今仍在不断发展着。

2. 古代山丹马场的发展历程

据《资治通鉴》记载，西汉元狩二年（前121年），骠骑将军霍去病率军转战河西走廊千余里，匈奴被逐出河西走廊，丧失山丹大草原，严重影响了游牧生活，因此留下了"亡我祁连山，使我六畜不蕃息；失我焉支山，使我妇女无颜色"这首极具悲伤之感的民歌。继而西汉政府在河西走廊设置酒泉、武威、张掖、敦煌等四郡，还在汉阳大草滩即今大马营草原屯兵养马，并设置牧师苑进行管理，这是山丹马场设立的开始。至建武十二年（36年），窦融归服东汉、离开河西地区之时，官属宾客相随，"驾乘千余两（即辆），马牛羊被野"，这充分反映了当时河西地区尤其山丹马场养马业初显繁盛的情况。

自魏晋至隋唐数百年间，山丹马场一直是历代封建王朝重要的牧马场所。隋文帝开皇二年（582年），屈突通奉命监管河西地区的军牧场，因战乱废弃的山丹马场得以恢复正常运营。大业五年（609年），隋炀帝西征吐谷浑，并亲临山丹马场进行视察。唐朝建立，在河西、陇右地区大量设置牧马监，山丹马场迎来了发展高峰期。据史书记载，唐朝在中央设置太仆少卿负责全国马政事务，在地方设置牧马监，牧马监设有牧监、副牧监，其属官如丞、主簿掌管行政事务及钱粮物资，直司、围官、牧尉等则具体负责放牧。监下设群，每群设有正副牧长、排马、群头，以15群设一牧尉。

清朝沿袭明朝旧制，在各地遍设马场，以山丹马场最为著名。雍正年间，清廷在西北筹建直属中央的国营马场，甘州大草滩（即大马营草滩）以其地域广阔、水草丰美，且放牧设施齐全，成为首选目标。随后，甘州大草滩移交甘州提标管理防护，并派遣游击一员具体负责每个马场，又提标营派遣千总、把总担任牧长、牧副，牧丁则抽调士兵充任。由此，山丹马场的发展迎来了又一次高峰。嘉庆七年（1802年），清廷派遣官员清查大马营马场的马匹情况，山丹马场存栏马匹数量达到17500匹之多。道光十八年（1838年），山丹马场获得进一步发展，存栏马匹数量突破20000匹。清朝末期，西北地区爆发了轰轰烈烈陕甘回民起义，大马营马场的军马被哄抢一空，山丹马场遭遇空前巨大的浩劫。光绪十七年（1891年），山丹马场恢复重建，但仅存有两个马群，每群不足300匹。

清代其他地区官府也曾办马场，规模较大，马匹也较多。据《清史稿·马政》记载：清乾隆元年（1736年），在"甘、凉、肃三州及西宁各设马厂，分五群，群储牝马二百匹，牡四十"，后至"道光年，马大蕃息，多至二万匹"。

3. 近代以来山丹马场的发展

1911年辛亥革命爆发，1912年中华民国建立，山丹马场经历了艰难曲折的发展道路。1913年，民国政府撤销了清廷委任管理山丹马场的游击职衔，由甘州提督重新派人接收经管。1918年，甘肃省督军张广建应陆军部要求清查大马营马场的存栏马匹数量，并着手恢复重建山丹马场，委任虞奎武负责相关事宜。1919年，陆军部正式任命虞奎武为山丹马场场长，直属陆军部军牧司管辖，掌管各类军马7486匹。1920年6月，山丹马场正式定名为陆军部甘肃种马牧场，设场长一人，牧长三人，分为三区九群，每三年考核一次。1926年，甘肃督办刘郁芬撤销虞奎武场长职务，并将甘肃种马牧场大马营分场改名为第一军马场，以韩凤图为场长。1928年，山丹马场在凉州镇守使马廷勷叛乱过程中被焚毁，原大马营、海源、马衔山、松山诸场经过重新合并，改为甘肃军马孳养场，任命叶宝珊为场长。场部设两科，第一科专司孳养，第二科专事调教。每科分两区，各委派正副区长，区下设群，设正副牧长，牧长管牧兵20名。并设调教所，委派正副队长各一人，士兵60

名，负责警戒和调教马匹。1929 年，刘郁芬将甘肃军马孳养场迁至榆中马衔山，山丹马场沦为马家军阀的私人牧场。1934 年，何应钦奉蒋介石令筹建甘青牧场，指定大马营为场址，以此重建山丹马场，并定名军政部甘肃省合办山丹军牧场。但是，南京国民政府与马家军阀交涉失败，无法收回山丹马场，于是决定将山丹军牧场总场部设于永登松山，在山丹大马营设立第一分场，海源设立第二分场，马衔山设立第三分场。

1940 年，南京国民政府颁布《十年马政计划》，并趁机收回大马营草滩管理权，派少校课员朱涤新筹建大马营分场，分别呈报军政部及甘肃省政府等处备案并得到批准，山丹军牧场大马营分场正式成立。由此，废弃长达 10 年之久的山丹马场终于重归中央政府经营。1942 年春，国民政府改大马营分场为山丹军牧场，直属军政部管辖。1943 年 8 月，国民政府军事委员会正式任命宋涛为军政部甘肃省合办山丹军牧场场长，授少将衔。1946 年 7 月，石庭桂接替宋涛任职山丹军牧场场长，山丹军牧场改隶联合勤务总司令部，更名为联合勤务总司令部山丹军牧场，场部设总务、牧务、农事及补训四课，各设课长一人。总务课下设骑巡队，担任场内警卫任务，补训课设调教员六人，分三个补训队，负责幼驹调教及军马购补事宜。

4. 新中国建立后山丹马场的发展

新中国建立以后，山丹马场迎来了新的历史发展机遇，逐步形成集养马、赛马、马术表演、商贸交流为一体的标志性活动。山丹马场的建制、名称经历了多次变更，如果按隶属关系及管理权限进行划分，山丹马场大致经历了山丹军牧场时期、国营山丹牧场时期、总后山丹军马场时期、总后青藏办事处军马局及总后西安办事处军马局时期、兰州军区军马总场时期、兰州军区后勤部马场管理局时期、甘肃中牧山丹马场总场时期等七个发展阶段。如今，世界上历史最悠久、亚洲规模最大、世界第二的山丹马场，已然成为丝绸之路文化经济带上富有特色的旅游景点。这些秀丽风光无不深深地吸引各地游客在此驻足玩赏。

5. 东华池马场的兴盛

1956 年，甘肃省庆阳地区在甘肃省畜牧厅经费支持下，创办了东华池国营马场，以养良种马为主，实行农牧综合经营。办场初期，先从当地购买来马 6 匹；1957 年，又先后从山丹军马场买来良种蒙古马 352 匹，使当年全场马匹达到 438 匹。1959 年，东华池马场移交给子午岭农垦局管理，至此，马场所拥有土地总面积达 478.65 万亩，宜牧草地达 58.86 万亩，养马数多达 620 匹。据此，庆阳地区东华池马场之盛可见一斑。

（四）历代牧马监为强军保国做贡献

牧马监是我国历史上官府管理牧养马的机构。隋朝时，在陇右置"骅骝牧及二十四军马牧"，"苑川十二马牧"等。这些"马牧"实际上是当初的牧马监。唐王朝时期，是继秦汉之后中国历史上又一个强大而繁荣的时期，这一时期在西北亦置牧马监，马匹存栏数约 319387 匹，其中 133598 匹为骒马。归义军时期，在河西走廊官方管理养马的机构为官马司，具体养马机构称官马院，长官为知马官。在有关原始资料中载道：有官"马三十四匹"、"三岁父（即公）马六匹，二岁父（即公）马"、"当年父（即公）马驹四匹，大骒马四十七匹，三岁骒马一十一匹"、"二岁骒马三匹，当年骒马驹一十一匹"的记载。唐朝前期，中国疆域空前广阔，这固然与统治者推行的均田制、府兵制等政策有着密切关系，但同时与唐朝历任君主重视马政也是分不开的，其中陇上牧马监在唐代马政发展史中就占据着重要地位。

1. 唐代前期陇右牧马监的兴起

唐代承袭隋代养马业，并在马政建设方面多有创建。唐初以来，在中央设置太仆寺、卫府寺等机构掌管全国厩牧舆马之事，如太仆寺"掌厩牧马辇之政，总乘黄、典厩、典牧、车府等四署及皆监牧。"在全国各地曾广泛设立牧马监，"其属有牧监、副监；监有丞，有主簿、直司、团官、牧尉、排马、牧长、群头，有正，有副；凡群置长一人，十五长置尉一人，岁课功，进排马。又有掌闲，调马习上。"监牧制，是唐代马政发展的一大创新。根据《新唐书·兵志》记载："马者，兵之用也；监牧所以蕃马也，其制起于近世。唐之初起，得突厥马二千匹，又得隋马三千于赤岸泽，徙之陇右，监牧之制始于此。"据此，唐代政府以所获的突厥马、隋马等5000余匹迁徙到陇右地区，设监进行管理与牧养，应该是牧监制实施的开始。根据《新唐书·百官志三》记载，唐朝政府确立监牧制度后，根据不同地区的山川形势、草场状况及气候条件优劣等综合情况规定了各牧监的发展规模。唐代牧监分为上监、中监和下监三等：

上牧监：设监一人，从五品下；副监二人，正六品下；丞各二人，正八品上；主簿各一人，正九品下；拥有马匹数量五千匹。

中牧监：设监一人，正六品下；副监，从六品下；丞，从八品上；主簿，从九品上；拥有马匹数量三千匹。

下牧监：设监一人，从六品下；副监，正七品下；丞，正九品上；主簿，从九品下；拥有马匹数量三千匹以下。

唐代前期，牧监制度确立并迅速扩展到其他地区，但是基本上都不出西北地域范围，其中以陇右地区分布最为密集。根据《大唐开元十三年陇右监牧颂德碑》记载，陇右牧马监"跨陇西、金城、平凉、天水四郡之地，幅员千里"。上述列举的四郡中，除平凉郡位于陇东地区之外，其余如陇西郡约当今甘肃省陇西、漳县、武山、渭源、通渭、定西等县；金城郡约当今甘肃兰州、榆中、临洮、皋兰、永登等县地；天水郡约当今甘肃省天水、甘谷、清水、秦安、庄浪、张家川回族自治县等县地，均属唐代陇右道管辖，幅员辽阔，广至千里。所以，尽管从唐初贞观到中唐天宝的百余年时间，唐代牧马监设置地域范围不断扩大，但是大都分布在西北地域尤其是陇右地区。

唐代牧马监的地域分布主要集中在陇右地区，这与陇右地理环境有着密切关系。陇右地区东起陇山，西接青藏高原，北靠内蒙古高原，处于农牧交接地带，在地理上明显具有过渡性特征。陇右地区水草丰盛、田土肥腴、气候高爽，特别适宜于大规模畜群孳生繁衍，自秦汉以来就是丰茂的畜牧场地，到了唐代，也自然地成为了官营畜牧业蓬勃发展的优良载体。陇右牧马监的名称，在唐高宗时代正式出现。唐高宗时期，先后任用太仆少卿鲜于匡俗、右卫中郎将邱义为检校陇右群牧监。仪凤三年（678年），太仆少卿李思文出任检校陇右诸牧监使官职，陇右牧马监作为使职官号正式出现。自唐太宗时期，太仆少卿张万岁管理群牧以来，40年间陇右牧马监拥有的马匹数量急剧增多，发展到70.6万匹。

唐玄宗统治年间，唐代马政建设达到鼎盛时期。根据相关史料记载，开元十三年（725年），陇右各地牧马监存栏马匹数量发展到43万匹之多；天宝十四年(755年)，陇右马政机构统计官营马场的养马数量仍达到33万匹。开元十三年（725年），唐玄宗赴泰山进行封禅活动，使牧马数万匹随从，以"色别为群，望之如云锦"。唐玄宗龙颜大悦，在泰山脚下加授太仆卿王毛仲为开府仪同三司，以酬谢他养马的功勋，并指示当时宰相张说撰写碑文记功，于是便有了《大唐开元十三年陇右监牧颂德碑》的问世，充分彰显了唐代前期陇右牧马监培育繁殖马匹的历史功绩。唐代前期，马匹价格非常便宜，一匹马仅值一匹绢，这从另一个角度反映了唐代马政建设的成就。唐代前期，在陇右地区广泛设立牧马监，使得官营畜牧业蓬勃发展。安史之乱爆发以后，陇右、河西地区先后沦陷于吐蕃、回纥政权，唐代官营畜牧业因此彻底衰落，被迫向中原内地发展。北宋欧阳修在《论监牧》中描述说："唐世牧地，皆马性所宜。西起陇右、金城、平凉、天水，外暨河曲之野，内则岐、邠、宁、泾，东接银、夏，又东至於楼烦，皆唐养马之地也。"

2. 安史之乱后陇右牧马监的衰落

从唐高宗时代起，唐代马政一度废弛，突厥伙同西北诸民族部落举行大规模叛乱，抢劫唐马，陇右牧马监发展遭遇严重的挫折。后来，突厥部落抢劫唐马现象仍时有发生，武则天久视元年（700 年），"掠陇右诸监马万余匹而去"。唐中宗继位后，突厥部落又"掠陇右群牧马万余匹而去"。到唐玄宗开元元年（713 年），陇右牧马监存栏马匹数量只剩下 24 万匹，仅是唐高宗时期马匹总量的 1/3。有鉴于此，唐玄宗任命太仆卿王毛仲为检校内外闲厩兼知监牧使，太仆少卿张景顺为秦州都督、监牧副使，左骁卫中郎将张景遵为盐州刺史、盐州监牧使，重新整顿唐代马政，陇右牧马监因此获得较快的恢复和发展。至开元十三年（725 年）唐玄宗东赴泰山进行封禅时，陇右牧马监培育繁衍的马匹发展到 43 万匹。

然而，天宝十四年（755 年），安史之乱爆发，洛阳、长安相继陷落，各地藩镇割据愈演愈烈，"由是祸乱继起，兵革不息，民坠涂炭，无所控诉，凡二百余年"。安史之乱是唐朝由盛转衰的转折点，随着国势逐渐衰弱，唐朝不断遭受周边民族政权的侵扰，吐蕃、回纥、南诏等不断侵略唐朝边境，蚕食领土。安史之乱爆发后，吐蕃和回鹘的军队趁着唐朝西北边防空虚逐渐侵占了陇右、河西一带的主要牧区，唐朝西北各地牧马监所养的马匹悉数被劫掠，加之当时藩镇割据纷争、战事频仍，陇右牧马监被废弃，因此，唐代马政受到严重破坏。唐肃宗时，西北只有马数万匹，只得靠买马来补充战骑了。

安史之乱以后，随着陇右牧马监的废弃，唐代国家马匹数量从巅峰跌到低谷，自身生产不敷供给，因此，不得不通过进口蕃马来补充战争中马匹的消耗。唐代后期，藩镇割据形势愈演愈烈，唐朝政府与藩镇将领之间以及各藩镇相互之间为了争夺土地、人口、财富进行频繁的战争，使中央官府畜牧业惨遭破坏，之后又不得不寄希望于蕃马的进口。唐朝政府进口的蕃马来自四面八方，并给进口马匹烙上不同的印记以示区别，其中回纥马比重最大。回纥曾帮助唐朝平定安史之乱，作为回报，唐朝大量购买他们的马匹，一匹马的价格在25匹或50匹绢不等，但终唐之世，中央官府的畜牧业生产，始终未得复兴。

北宋时期，北方草原被契丹民族占据，西北地区则为党项、吐蕃、回鹘等少数民族所有，养马牧地尽失于周边民族政权，这也是导致北宋牧马监分布地域集中于黄河流域的重要原因之一。

3. 元明时期陇右苑马寺养马概况

元朝建立，元世祖忽必烈重建大马营牧场，并派遣千户掌管山丹马场。明朝初年，设立甘肃行太仆寺掌管甘州、凉州、肃州、山丹等十二卫、三所军马的补给、管理和调教。永乐四年（1406年），明廷调整马政机构，设置陕西、甘肃苑马寺，寺下设六监，每监管辖四苑（马场），各苑按场地大小分为上、中、下三等，上等苑放马1万匹，中等苑7000匹，下等苑4000匹。每苑凡马1000匹设围长一人，辖夫50名，每夫管20匹马。甘肃苑马寺下设有六监二十四苑，均分布于河西各驻军卫所。在大马营草滩，明廷设有宗水监（辖六牧马苑）、祁连监（辖两牧马苑）、武威监（辖四牧马苑）、甘泉监（所辖广牧苑）等具体负责山丹马场养马事务。隆庆六年（1572年），明廷修缮祖山口、观音山口、白石崖口、扁都口等19处城堡及马场官署、住所，进一步完善了山丹马

神骏的山丹马

场的防御和保护事务。

元成宗大德年间（1297—1307），在今通渭马营设苑马寺，属元王朝太仆寺管辖。明朝也很重视战马的供给政策，正如弘治末督理陕西马政的督察院御史杨一清所说"仰惟国之大事莫急于兵，兵之大事莫先于马"，战马在明代国防军事上占有十分重要的地位。因此，明廷于正统年间在陇上创设马政时，将马营又划为牧苑之一，置安定苑，统于平凉苑马寺，不隶属于通渭县辖地。安定苑后升为马营监，设监正。其马苑、马监的管理机关就设在今日马营镇上。马营共置六营：中营、稠泥营、石峡营、原川营、衙门营、双井营。苑额军兵 427 人，马并驹 3569 匹。嘉靖时略减为 2935 匹，设围长 2 员。至今马营镇人民医院有刻于正德十一年（1516 年）的《安定苑牧马马场四至碑》，载军马场东二十里至锁龙山，南连尖岗山，四十五里至第三铺，均接通渭县界；西三十里至蟾母山白马庙，接肃藩兰州卫之牛营界；北四十里至蒸饼山索骆峪，接会宁县界。碑文开列草场四至相关的农田、农户姓名等详细情况。碑文又载苑圃"东西阔七十里，南北长八十里"，总面积约 2800 平方公里。由于蟾母山（今称牛营大山）一带草肥水美，马营牧场西端紧邻肃藩军屯地，肃王府于弘治间在今定西县境内的杏园设牛营，宁远设羊营。但安定苑常与肃藩牧地管理人员因争夺牧场发生纠纷。于是，由钦差陕西监视茶马苑马事务司会同地方官员，多次踏勘丈量牧地，并在牧苑分界处铸打封堆、立界石，以杜争端。定西杏园牛营村所存崇祯六年四月立《令旨肃府蟾母山碑》及通渭马营碑文记载，弘治、正德、万历、天启、崇祯间，牧马寺与肃王府尚有多次争牧地事发生。今马营、牛营、羊营都有明代放牧相关的碑碣遗留，这些碑石是研究陇中牧政珍贵的资料，但地方志失载，希有关方面予以保护，免遭风雨剥蚀和人为破坏。

清顺治时，马营仍设监正官、录事官掌管马政。至康熙初马营裁撤，牧苑遂垦为耕地。雍正七年（1729 年），马营与水洛城兑换，始属通渭县管辖。因马营长久以来是皇家马牧的官署所在，又地处交通要道，故商业逐渐繁盛，清代曾发展为巩昌（陇西）、安定（定西）、会宁、静宁数县的商品集散中心地。

薛仰敬《养静文集》还曾述及清初典史王秉宪《题华川芳草》的一首诗，诗云："绿野晴川过午桥，翠微平接茂林遥。莺歌留得行人懒，按辔稳嘶系柳条。"华川即通渭马营，位于兰州去天水的公路必经地段。数百年间，马营山川草翠林深，鸟语花香，牧马嘶鸣，往往使人留恋陶醉其间。这里不仅是一片碧绿美丽的原野，而且是历史上国家养军马为时甚久之地。

八、汗血宝马的新故乡

据文献记载，历史上的汗血宝马产于西域大宛国，继而驰名于古代中国，此后其声名则远播于全世界。古代中国与大宛国山连水接，民族跨界居住，经济、文化、人员交流频繁，加之汗血宝马既有家养的，也有野生的，这种种地理的和人文的客观情况，为中国河西走廊和青海、甘南境内发现汗血宝马提供了可能。还在西域汗血宝马来到中国之前，从中国敦煌早已捕获了野生汗血宝马。当西域汗血宝马来到中国之后，又多次、多地在我国西北地区发现了单个汗血宝马。同时，从西汉起，难以数记的西域汗血宝马途经甘肃境内丝绸之路去往中原，于是在甘肃大地上留下了密集的足迹。这表明古代甘肃可称得上是汗血宝马的第二故乡。

（一）"渥洼马"的发现及其影响

据《汉书·礼乐志》记载：汉武帝"元狩三年（前120年）马生渥洼水中。"《汉书·武帝本纪》注亦载："南阳新野有暴利长，当武帝时遭刑，屯田敦煌界，数于此水旁见群野马中有奇者，与凡马（异），来饮此水。利长先作土人，持勒靽于水旁。后马玩习，久之代土人持勒靽收得其马，献之。欲神异此马，云从水中出。"这是历史上在中国境内最早发现汗血宝马的记载。那么敦煌"渥洼水"今叫何名？今在何处？对此《通典》载道："敦煌，汉旧县，三危山在东南，山有三峰，有鸣沙山、渥洼水。"《甘肃省通志》也载道："渥洼泉形势逼肖月牙，音亦类似，故特转呼为月牙泉也。"民国于右任《于右任诗文集•骑登鸣沙山》诗自注也说："月牙泉在鸣沙山围中，作新月形，传为汉时产天马之渥洼池。"这就是说，今敦煌鸣沙山中月牙泉就是西汉时的"渥洼水"。

当汉武帝得到暴利长所献"渥洼马"后，欣然作了一首《太一之歌》，歌曰："太一况，天马下，霑赤汗，沫流赭。志俶傥，精权奇，籋浮云，晻上驰。体容与，迣万里，今安匹，龙为友。"这首《太一之歌》的大意是说：天帝所赐天马，从天而降，身上流着浸润与沫状的红色汗水。天马志趣卓异，精神奇特，轻轻踩着飘动的浮云，不为万物所知地驰骋天际。它的体态显得闲暇自得，瞬间竟飞越万里天空。如今世间再无与其相比拟者，唯有龙方可成为它的朋友。

到了元鼎五年(前112年)十一月，汉武帝又颁布诏书说："渥洼水出马，朕其御焉。"这说明"渥洼马"又成了汉武帝的御用之马，供其骑乘或为其驾车。在此后历史上，众多诗人在汉武帝《太一之歌》和诏书感召之下，写了大量"渥洼马"诗，现仅举其中几首来说明其历史影响。清代韩赐麟《月牙泉怀古》诗云："半泓秋水似月牙，人言此即古渥洼。曾出天马贡天子，汗血流赭喷桃花。"清苏履吉《同马参戎进忠游鸣沙山月牙泉歌》云："敦煌城南山鸣沙，中有大泉古渥洼。后人好古浑不识，但从形似名月牙；……汉武当年产天马，万里沙场战马多。"以上诗文颇为生动地反映了敦煌月牙泉出天马的深远影响。

（二）东汉段颎获得的"汗血千里马"

东汉桓帝、灵帝时，武威郡姑臧（今武威）县人段颎任护羌校尉期间，奉命多次击羌，屡建战功。灵帝建宁三年（170年）春，他被朝廷"征还京师"，届时他率秦胡、步骑五万余人并驱赶着"汗血千里马"，浩浩荡荡奔赴京城洛阳。段颎所得"汗血千里马"，在文献中尚无军马的记载，因此，这自然是得自青海或甘南羌族地区的汗血宝马。正是由于段颎率军多次在此地作战，故有少量在草原上牧养的"汗血千里马"成为战利品被驱赶入今甘肃汉族地区，最后又送到东汉都城洛阳去了。

（三）十六国吕光获得的汗血马与舞马

吕光（338—399），字世明，氐族，略阳（今甘肃庄浪）人。初为前秦苻坚将领，曾率军攻西域，破龟兹国，后东返时，把所获骏马"万余匹"带到了河西走廊。苻坚肥水战败，吕光乘机建后凉政权，以姑臧（今甘肃武威）为都。吕光"大安二年（387年），龟兹国使至，贡宝货奇珍汗血马，光临正殿，设会文武博戏"。后至麟嘉五年（393年），疏勒国王向吕光献"善舞马"。据资料记载，"舞马"就是唐代时所称会跳舞的汗血宝马。这些汗血宝马，都在甘肃河西走廊大地上生活过一段时间。

（四）北宋蒋之奇获得西番汗血马

到了北宋哲宗元祐（1086—1094）年间，常州（属今江苏）宜兴人蒋之奇曾任"熙河（今甘肃临洮县）帅"，在此期间，"西番有贡骏马汗血者，有司以非入贡岁月，留其马于边"。这是北宋时期获贡汗血宝马的唯一记载。此处的"西蕃"，是指宋代洮河之西的吐蕃族。显然，这匹汗血骏马也是古代吐蕃族人民在草原上牧养的，而不是来自西域地区的。这说明，古代汗血宝马在我国西北地区分布还是较为广泛的。

（五）汗血宝马在陇原留下的足迹

自西汉起，产于西域的汗血宝马，除明代郑和下西洋时从"祖法儿国"获得的汗血宝马沿海路来中原外，其余都经古代甘肃境内丝绸之路来到了中原。在将近两千年历史上，一批批自西域而来的汗血宝马在甘肃大地上留下了极为密集的足迹。现将在甘肃大地上留下足迹的汗血宝马情况予以综述：

两汉时期，西域大宛等国向中原王朝献汗血宝马不少，见于史籍所载者主要是：汉武帝李夫人之兄李广利，于太初元年（前104年）奉命率军赴大宛国贰师城第一次伐宛夺取汗血宝马大败而归，被汉武帝拒于玉门关外。后第二次伐宛大胜，挑选到"善马数十匹，中马以下牝牡三千余匹"，但返国途中损失千匹以上，仅"入玉门关者""马千余匹"。这是历史上中原王朝得到汗血宝马最多的一次，这批汗血宝马将其足迹永远留在了甘肃大地上。后来这批汗血宝马去到长安，组建成了汉武帝宫廷的仪仗队。汉武帝天汉年间（前100—前97年），大宛国王"蝉封与汉约，岁献天马二匹"；冯奉世，西汉上党潞人，为当时智勇双全人才。汉宣帝时，奉命出使西域大宛国，途中联络西域诸国打败了为害西域的莎车国，安定了西域动荡局势，大宛国王得知后"敬之异于它使"，并将大宛名为"象龙"的汗血宝马送给冯奉世带回国献于汉宣帝。东汉建武十三年（37年）春，西域人有"献名马者，日行千里"。中元二年（57年），东汉明帝将一匹来自大宛国"血从前髆上小孔中出"的汗血宝马送给了刘苍和阴太后，并且说：我"尝闻武帝歌，天马霑赤汗，今亲见其然也"。

魏晋南北朝时
期，中原虽未实现
统一，但西域国家
仍有贡献汗血宝马
的：三国曹魏末
期，"康居、大宛
献名马，归于相国
府"；当时，曹植
曾获得大宛国所献
紫骍马一匹，转而

唐三彩胡人牵马俑

献魏文帝，此马"善持头尾，教令习拜，令辄已能行，与鼓节相应"，
即已能跟着鼓点跳舞；西晋武帝司马炎泰始六年（270年）九月，"大宛
献汗血马"；十年（274年）康居"献善马"；太康六年（285年），大宛王
兰庾"贡汗血马"；十六国时期，前凉张骏咸和五年（327年），"西域
诸国献汗血马"；前秦时（378年），"大宛献天马千里驹，皆汗血，朱
鬣、五色、凤膺麟身"；东晋孝武帝太元七年（382年）二月，"大宛进
汗血马"；前秦苻坚建元十七年（392年），"大宛献汗血马"；南朝宋明
帝刘彧泰始元年（465年）四月，"破洛那献汗血马"；北魏拓跋焘太延
三年（437年）十一月，破洛那、者舌国（故康居国）"奉汗血马"；五年
（439年），"遮逸国献汗血马"；拓跋濬和平六年（465年）夏四月，"破
洛那国献汗血马"；拓跋宏太和三年（479年），破洛那国"遣使献汗血
马"；元恪延昌（512—515）中，"破洛侯、乌孙并因之以献名马"。

隋唐时期，中原建立了统一王朝，扩大了国际影响，在此大背景
下，西域诸国继续向中原王朝贡献汗血宝马，其盛况远超以前各个时

期。据载，隋文帝时（581—604），"大宛国献千里马，鬃曳地，号曰师子骢"。隋末社会动乱，"师子骢"丢失，唐初从陕西朝邑发现，继而被唐太宗得到，后来还生了五匹"千里足"；炀帝大业四年（608年）二月，遣崔毅使西域，西突厥处罗可汗向隋"致汗血马"；唐朝时，西域各国不断向唐朝贡献各种名称汗血马：高祖武德（618—626）中，"康国献（马）四千匹"，该国王屈术支又遣使"献（大宛种）名马"；唐太宗昭陵六骏之一白蹄乌，亦为西域所献汗血马；玄宗天宝（742—756）中，"大宛进汗血马六匹，一曰红叱拨，二曰紫叱拨，三曰青叱拨，四曰黄叱拨，五曰丁香叱拨，六曰桃花叱拨"；开元、天宝年间（713—756），唐宫廷教坊驯练"舞马"百匹，亦为汗血马。

以上所述表明，来自西域国家的约两千多匹汗血宝马和良马，少数留在了古代甘肃境内，而绝大多数则途经甘肃境内丝绸之路去了中原，可是却把它们的足迹深深地、永远地留在了甘肃境内丝绸之路上，留在了甘肃西部的一些草原上。据此来看，汗血马和良马把广大西域国家同甘肃密切联系到了一起，同时汗血宝马的历史又成了甘肃历史的一个重要组成部分，甘肃作为汗血宝马的第二故乡永远地载入了史册。

在古代历史上，西域国家的不少良马也贡献到唐朝来了，同样在甘肃大地上留下了足迹。武则天长安三年（703年）三月，"大食（今伊朗）遣使献良马于唐"，"长安（701—704）中，遣使献良马，……开元初，遣使来朝，进马及宝钿带等方物"；玄宗开元二十一年（733年）三月，"可汗那（为拔汗那境内一城）王易米施遣使献马"；开元二十九年（741年）正月，"拔汗那（国）王遣使献马"；天宝五年（746年）三月，"石国王遣使来朝，并献马十五匹"；天宝六年（747年），"石国王遣使献马"等。这些马匹，虽然史籍尚未明载是汗血马，但由于来自西域国家贡献，自然是名马无疑。这些良马同样在甘肃大地上留下了足迹。

九、脍炙人口的军中名马故事

自先秦以来，历代中原王朝都曾将官府所养马和民间所养马征集起来，组建为军队，强军卫国。边疆地区各游牧民族，都有骑马射箭的传统习俗，每遇战事，无不跨马征战。在三千多年历史上，不少战马在战场上以跑得快、冲锋勇猛而留名史册，其中西汉骠骑将军霍去病的坐骑、三国吕布与关羽的胭脂马、唐代尉迟恭的战骑"千里追风"的战绩最为辉煌，它们脍炙人口的故事至今仍在广泛流传。

（一）霍去病坐骑沙漠中刨出"救命泉"

在临泽县板桥以北约 70 里地方的沙漠中，有一眼水泉被称为"马刨泉"。此泉虽地处戈壁大漠之中，可是泉水却异常清澈爽口，从而成为过路人和马、骆驼、牛、羊牧群的饮水泉。

相传，战国末期至西汉前期，北方匈奴南下打败月氏、占领河西走廊地区，从此，匈奴对陇西、北地等郡形成了威胁，遂使边民生活不得安宁。汉武帝为了解除边患，于是派骠骑将军霍去病率军讨伐匈奴。当霍去病率军到达河西走廊中部沙漠地带，由于不熟悉当地环境，以致大军迷了路，不慎走进了一望无际的合黎山区。那时正值三暑，骄阳似火，晒得地上的白刺都干枯了。这时的马喷鼻吐气，将士们个个大汗淋漓，不少将士干渴难忍，倒在地上起不来。霍去病望着无边无际的沙漠戈壁，心中焦急万分。他率领众将士继续前进，可是走着走着，他的坐骑怎么也不听使唤了，渴得引颈长啸，并用前蹄不停地刨地上沙石。不多一会儿，霍去病的坐骑竟刨出湿漉漉的沙子来，又刨了一会儿，沙子下面的清水便溢了出来。霍去病看见后大喜，继而令军士们将马刨的沙坑继续往深挖，不到一个时辰，一眼清澈的小泉出现在将士们面前。将士们喝足了水，继续北进，并深入匈奴腹地，不久便将匈奴赶出了河西走廊地区。过了很久，当地人们知道，这眼泉是霍去病将军的坐骑用前蹄刨出来的，因此为了纪念霍去病将军和他的战士们的丰功伟绩，遂将此泉命名为"救命泉"，亦称"马刨泉"。

（二）三国吕布、关羽胭脂马鏖战群雄

有一首河州花儿里唱道："胭脂川出下的胭脂马，回来了胭脂川卧下。"胭脂川即今甘肃省康乐县的胭脂镇、草滩乡所辖的一道平川。这一平川从西端的草滩乡草滩村到东端的康乐县城附近长达 20 余公里。整个胭脂川区地势平坦，当年遍布草原，胭脂马就出自这里。明嘉靖《河州志》亦载："胭脂川位于（河州）东南一百六十里，吕布胭脂马出此"。这是说三国时吕布所骑的那匹闻名遐迩的赤兔马，就是出自此地的胭脂马，因其色赤如炭火，疾奔如狡兔，故又名"胭脂赤兔马"。

"胭脂"意即红色，"赤"亦指红色。"胭脂马"、"赤兔马"，顾名思义都是指红色的马。在从三国时期到今天的将近 2000 年间，"胭脂马"的得名既无正史、又无方志的记载，我们怎么能够知道呢？若寻根究源，原来"胭脂马"的得名与这一马的产地胭脂川的自然环境有关。胭脂川西端的草滩村，距青藏高原的东部边缘直线距离约 10 公里，

此地处于从青藏高原边缘延伸下来的丘陵状小土山的中间（黄土高原的西部边缘）。这里是甘肃省 "森林雨" 的降雨区，冬季虽降雪较多，但并不严寒，夏季气候较热，具有一定亚热带气候特点。即使在距今六七十年前，这里居民并不很多，在山下的沟沟岔岔分布着巨大的杨树、柳树，还有一片片的杂木林，胭脂河两岸自西到东分布有较宽的草地，可以放牧家畜。每座山的上部都是牧场，牧场上到处布满了稠密的小草。一到春夏季节，胭脂川和附近的山沟与山坡都是野花怒放，花色以红为多，这时的胭脂川变成了一片红色的山川。红色的山川自然被当地居民称作胭脂川。看来 "胭脂马" 无疑得名于产地 "胭脂川" 之名。

然而至今，令当地人们久传不绝、兴奋不已的是胭脂马由来的传奇故事，这个故事还跟美女貂蝉有关。在故事中，貂蝉不仅仅是一位绝色美女，更是一位武艺高强的侠女。故事说：很久以前，胭脂川的蒲家山下有一眼清泉，水色漆黑如墨，深不见底。有那么一天，天气晴朗，万里无云，突然 "轰隆" 一声巨响，霎时地动山摇，烟雾缭绕，只见一条白色小龙从泉眼里钻了出来，刹那间摇身一变，竟化作一条赤色马驹。马驹在长啸几声后，四蹄奔腾，不多时便钻进了深山老林，转眼间消失得无影无踪。

过了九九八十一年，这匹小马驹长成一匹赤色高头大马，神骏非凡，但此马有个坏毛病，就是见马就咬，见人就踢，人畜屡遭伤害，乡邻既恨又怕。此事传到狄道的州府里，州官们就组织猎手进行捕捉，可是猎手们根本就无法靠近，更别说捕获了。州官们无奈之下便贴出悬赏告示，寻找能人、勇士捕捉赤色烈马。

在临洮县城之南、洮河之西的一座山上有一处山崖叫 "貂崖"。相传，在 "貂崖" 上有一个山洞，洞中住着一位正在此出家修行的姑娘名叫貂蝉。一天，貂蝉听到洞外有人呼喊救命！她闻声出洞，见一村妇坐在地上，脚被柴茬戳伤，血流不止，疼得脸上挂满汗珠，不住呻吟。貂蝉跑去救助，并顺手拔了一把药草，拧出叶汁滴在伤口上，并帮忙包扎，那伤口马上就好了一半，血也不流了，疼痛也轻了，村妇百般感激。貂蝉问她，为何你一个弱女子来山中打柴，丈夫哪里去了？村妇含泪诉说，自己家住喇嘛川（现胭脂川有一个小村仍叫"喇嘛山"，辖属康乐县），丈夫被烈马踢伤而死，家中再无劳力，自己只好上山打柴，还说州府贴出捕捉烈马告示但没有人敢揭。貂蝉听后想，道家以惩恶扬善、济世助困为本，我怎能不为民除害呢？

次日，貂蝉准备停当后下山，当走到狄道西城门看见告示，伸手便揭了下来。她的这一举动被看守兵卒发现并将她带到州府。州官一见大惊，怎么是一个头挽双髻、眉清目秀的姑娘，轻蔑的问道："你能降伏烈马？"貂蝉说："不能降伏怎敢揭告示！"州官又问："需要多少人协助？"貂蝉回答："只我一人就行！"

在众人将信将疑之中，貂蝉独自来到喇嘛川，但见一路上人烟稀少，一派萧条景象。貂蝉正寻思间，突闻马的一声长啸，接着从森林中奔出一匹红鬃烈马，直奔貂蝉而来。貂蝉不慌不忙，勇敢迎上去一巴掌拍在烈马额上，喝道："你这畜生，主人驾到，还敢逞狂？"不知咋的，烈马被貂蝉这一拍一喝，突然就凶焰全敛，百般驯服。貂蝉纵身上马，双腿一夹，四十里喇嘛川一碗饭工夫就跑了个来回。貂蝉下马称赞："好一匹胭脂宝马！"她找来一副马鞍，备在红鬃烈马背上，然后脚踩在一块石头上扳鞍上马，告别乡亲，出虎狼关就去了狄道城，州官见烈马被降伏十分高兴，视貂蝉为侠女，待之以上宾。

当时是东汉末年，董卓正在朝廷专权。董卓系陇右临洮（今岷县）人，地方官员为讨好他，就将狄道美女貂蝉，连同胭脂名马一并送往京城，献给了董卓，这才有了赤兔马后来更加曲折离奇的故事。打那时起，因出了胭脂马，民间遂将喇嘛川改称为胭脂川。如今在胭脂川，还有呹马湾、饮马泉、拴马树、上马石等遗迹与胭脂马的传说同时流传。

胭脂马当初称作赤兔马。这一称呼最早见于《三国志·吕布传》："布有良马曰赤兔。"赤兔马 "浑身上下，火炭般赤，无半根杂毛；从头至尾，长一丈；从蹄至项，高八尺；嘶喊咆哮，有腾空入海之状"。 民间还有所谓"人中吕布，马中赤兔"之语，这是说赤兔马与赫赫有名的英雄人物吕布连在一起，足见赤兔马在人们心目中的名望、地位之高了。

在《三国演义》小说中，董卓据有赤兔马后，为拉拢吕布，就把赤兔马送给他，从此吕布便投靠董卓做了义子。吕布原本就是三国演义中的第一条好汉，功夫了得，无人能敌，连刘关张三兄弟联手都不是其对手，这除了其本身武功超群之外，还有赤兔马的鼎力相助。据《三国演义》说，赤兔马能日行千里、夜走八百，还能凫水渡河。有一次吕布的军队被困在一座城中，手下劝他早谋计策，想办法率军突围。吕布却说，不怕，我有赤兔马可凫水出城。这说明赤兔马的本事非同一般，同时也说明赤兔马是吕布横行天下的重要依仗者。

后来，吕布因在下沛之战中遭受失败，遂逃往下邳。继而曹操率军围攻下邳，吕布部将盗走赤兔马献给了曹操。不多时，吕布在守城战中作战太累，于是在城头睡着在椅上，被部下缚绑送交曹操。曹操与刘备等齐集下邳白门楼，吕布求刘备救自己，而刘备则施用反间计，对曹操说了一句"公不见丁建阳、董卓之事乎？"的话，吕布即被曹操所杀。当时，关羽为保护刘备的两位夫人，曾暂时投靠了曹操。曹操为笼络关羽，又将赤兔马赠予关羽。关羽本来是曹操一心想要拉拢的英雄人物，所送礼物，绝对不凡，可黄金美女，关羽一概退了回去，但赤兔宝马却欣然接受。其后赤兔马随关羽过五关、斩六将、驰骋疆场、屡建战功，看来赤兔马由于成为关羽的战骑，所以它就进一步名扬天下了。

据《三国演义》说，后来关羽骑赤兔马深夜突围出麦城，在途中被东吴军队所俘，继而被孙权下令杀害。"关公既殁，坐下赤兔马被马忠所获，献与孙权。权即赐马忠骑坐。其马数日不食草料而死"。这说明，久战沙场，屡建战功的赤兔马不顺从新主人，遂绝食而亡，因此留下了永不消失的美名。

（三）唐代尉迟恭"千里追风"战骑救秦王

尉迟恭（585—658），字敬德，隋末唐初名将，隋朝朔州鄯阳（今山西朔州平鲁区）人，唐封鄂国公，是凌烟阁二十四功臣之一。尉迟恭著名于史，不仅在于他有勇有谋、屡立战功，而且还在于他所骑乘过的那匹把足迹留在甘肃大地上名为"千里追风"的战马。尉迟恭的"千里追风"战骑，身上无一根杂毛，而且三天不吃不喝照样日行千里。

隋唐之际的"千里追风"战骑，原来是隋炀帝的御马。在隋亡之时，这匹马落到了占领洛阳的王世充的部将王琬之手，成了王琬的战骑。有一次，秦王李世民率军攻打洛阳时，其部将尉迟恭在战场上与王世充部下王琬交战，双方互不示弱，勇猛拼杀，当王琬正在用枪直刺尉迟恭时，其战骑"千里追风"突然前蹄腾空，暴叫如雷，遂将王琬摔到了地上，尉迟恭乘机向前将"千里追风"马捉到手，并当即交给了秦王李世民。从此，李世民与"千里追风"马形影不离，若有战事，常常是冲锋陷阵、一马当先。在屡次战场上，"千里追风"总是驮着李世民冒死冲出重围，使李世民常常化险为夷，因此，李世民对"千里追风"马喜爱有加，而且形影不离。

后来，在一次战斗中，为了营救李世民，尉迟恭骑着自己原来的战马连翻几座大山，竟把战马活活累死在途中了。李世民得知情况后前去看望，当他看见尉迟恭抱着倒在地上的战马痛心疾首的样子，也感到十分痛惜。当时李世民曾想，尉迟恭为了救自己累死了战马，因此就把心爱的战马"千里追风"赠送给了尉迟恭，并说："好马配良将，只有你骑这匹马才是最合适的。"从此，"千里追风"马成了尉迟恭的战骑。

据《秦州志》记载："相传，唐尉迟敬德与番将战，军中苦无水，其马刨地出泉。"这就是"千里追风"马在天水市"刨泉"的由来。不过，历史上将"千里追风"马刨出的驰名水泉叫作"马跑泉"，这可能是传说中把"刨"误读为"跑"的结果。虽然，尉迟恭的这匹"千里追风"马在甘肃大地上留下的故事不多，但它在天水刨地出泉的故事却脍炙人口，从此它便成了甘肃的历史名马之一。

尉迟恭得到了"千里追风"马以后，近乎变成了李世民的贴身保镖，对李世民更加忠诚，李世民所规定军纪也严格执行，从不敷衍了事。当时军纪规定：战马践踏农地秧苗，同样是犯死罪。据此，"千里追风"马曾经险些遭到杀身之祸。

原来，"千里追风"险遭杀害，是与太子李建成和齐王李元吉嫉恨秦王李世民的战功有密切关系。此前，军师徐茂公曾获知，太子李建成和齐王李元吉蓄谋加害秦王李世民与其心腹大将尉迟恭，于是徐茂公和李世民二人策划了一个尉迟恭醉打大臣的计谋。有一天，秦王李世民按计谋设宴犒劳众将，徐茂公假装疏忽把尉迟恭的座位排在了一位文官之后，引起尉迟恭不满，并乘醉责问那位文官："你有何功劳能排在我的前面？"徐茂公看见便上来相劝，而暴怒的尉迟恭竟挥拳把徐茂公打得鼻青眼肿。这时李世民便斥责尉迟恭道："就算你功高如山，也不能如此鲁莽，今天不治一治你，恐怕来日你的铁拳就要打到我的身上了。"在此情况下，李世民就把尉迟恭贬到江南水乡的周墅镇。到了周墅镇，尉迟恭得知当地有一大片洼地，满是沼泽芦苇，当地农夫要住不能住，要耕不能耕，贫困生活无法解决。面对这一凄凉景象，尉迟恭心急如焚、束手无策。这时他想：秦王把我贬到这里是为的给百姓造福，可我这个在百万军中叱咤风云的将军难道连这片洼地也无办法治理吗？

当时，尉迟恭经反复考虑后，打算发动当地百姓和自己所部将士，将面前洼地采用开渠排水、移土填埋凹地办法，整治出一片肥美良田。尉迟恭主意定后，第二天立即行动，亲自率部下和百姓来到洼地，安排一部分人挖渠，一部分人填凹地，从而形成一派壮观的劳动场面。经过几个月的辛勤劳动，挖成了几条河渠，平出了大片耕地，并由百姓们种上了麦子。过了一些日子，垦地上麦苗绿油油一片，当地老百姓们感激地说："尉将军是老天爷给我们派来的救命菩萨！"

又过了一段时间，尉迟恭和部将曲大海一起来到洼地麦田边，眼前麦苗绿油油一片，可是又发现一处麦苗被马遭踏得很厉害，尉迟恭看了痛心得流下了眼泪。此后的几天夜里，都有马出来遭踏麦苗，于是他就授命曲大海去追查。过了三天，曲大海前来报告说："践踏麦苗的是'千里追风'。"听到此话，尉迟恭张口结舌，而且额角上顿时渗出了点点汗珠。

按军纪，"千里追风"马践踏庄稼要处死，可是尉迟恭怎能舍得处死呢？这时尉迟恭又想，或许曲大海是个吃内扒外的傢伙。为了搞清楚真相，一天夜里，尉迟恭自己藏身暗处仔细观察。当到半夜，尉迟恭看见曲大海偷偷牵着"千里追风"去到麦田，任由"千里追风"吃和践踏麦苗。这时尉迟恭终于弄明白，原来是曲大海蓄意陷害"千里追风"。经追查，原先太子李建成和齐王李元吉设想：要除掉李世民，就得先除掉尉迟恭；要除掉尉迟恭，就得先除掉"千里追风"马。为此便暗中授意曲大海陷害"千里追风"马，然后再除掉尉迟恭。

在"千里追风"马践踏麦苗的真相大白后，经尉迟恭和徐茂公商议，由尉迟恭在周墅镇搞了一次假杀"千里追风"马的活动，即在活动之前，先把"千里追风"马藏了起来，然后找来很像"千里追风"的另外一匹马，并拉到现场要杀掉。这时不明底细的周墅镇百姓恳求不要杀"千里追风"马，但尉迟恭还是按先前和徐茂公的商议一刀把"千里追风"马的头砍了下来。尉迟恭杀了"千里追风"马的消息，很快传到了太子李建成耳朵里。这时李建成想："千里追风"已经死了，千里之外的尉迟恭在短时间内无论怎样都无法赶到京城长安了，于是决定在长安乘机杀掉李世民。而远在千里之外的尉迟恭按先前已得知的太子李建成和齐王李元吉要杀李世民的阴谋，立即骑上"千里追风"马，火速向京城长安进发。

唐太子李建成和齐王李元吉在得知"千里追风"马已死，于是在京城长安动手，准备杀掉秦王李世民。第二天清晨，秦王李世民和徐茂公像往常一样，早早向午门徒步走来。一路上，徐茂公总觉得气氛有点异样，看见路两边站岗军士也变得不认识了，周围似乎隐藏着一股杀气。当快要走进午门时，徐茂公突然拉起秦王李世民拐进位于边上的侧门。太子李建成见事已败露，于是便不顾一切地带领人马，从后边追杀上来。就在秦王李世民和徐茂公跑到玄武门门口，将要飞身上马的一刹那间，齐王李元吉也带了一队人马向秦王杀来。齐王李元吉手持长矛猛地一下便向秦王李世民刺来，正在这千钧一发之际，忽然从远处传来一阵急促的马蹄声，那声音由远而近，像长了翅膀飞似的很快就到达了附近，在士兵们还没来得及看清谁时，一支雕翎箭已将齐王李元吉射下马来，秦王李世民得救了。太子李建成看到这一幕，便吓得丢盔弃甲、抱头鼠蹿。这回救秦王李世民者，正是骑着"千里追风"马赶来的尉迟恭。

"玄武门之变"后，秦王李世民登上了唐朝皇帝宝座，尉迟恭被封为右武侯大将军。可是，自那以后，或许是由于天下太平了，所以，为唐朝累立不朽战功、在甘肃大地上刨出"马刨泉"的"千里追风"马竟然销声匿迹了,但它的美名却永远留在陇右儿女的心中!

十、铸就汉藏友好关系的
"互市马"与"差发马"

中国古代史上的"互市马"和"差发马",都是真实反映中原汉族王朝与青藏高原吐蕃族及后来的藏族人民之间同胞友谊的历史篇章。青藏高原地区草原广阔,养马业繁盛,尤其河曲马、碌曲马、天祝马等最为驰名。中原王朝为补充军马,就以茶叶等同吐蕃及后来藏族的马匹进行互市,以满足各自的需求。当吐蕃族的部分部落归服后,中原王朝就实行"以马为赋"的"差发马"政策,即征收马匹作为赋税的政策。"互市马"和"差发马"政策实行时间越长久,汉藏关系也就越密切。

(一)"互市马"

中国历史上的"互市马",起初都是中原王朝通过实行"茶马互市"政策,使西北地区吐蕃、藏族人民所牧养的马进入了中原与甘肃地区,而且大都成了军马。这种政策的实行,始于唐、终于清,历史颇为悠

茶马古道出土的马镫 |

久，充分体现了中原王朝同吐蕃、藏族人民密切的经济及政治关系。

1. "互市马"概说

唐、宋、明、清各王朝，在当时虽曾与西北吐蕃族和藏族发生过争夺河陇、河西走廊等地区的一系列事件，但双方关系主流基本上是密切的，尤其在"茶马互市"等方面堪称谱写了汉与吐蕃、藏族友好关系史的历史篇章。

在唐代时，吐蕃贵族已经开始喝汉地之茶；到了宋代，吐蕃人喝茶已很普遍，出现了《续文献通考》所说"夷人不可一日无茶以生"的现象。《明史·食货志》还载道："蕃人嗜乳酪，不得茶，则困以病，故唐、宋以来，行以茶易马法。"这说明，唐、宋、明时期的"茶马互市"活动，实际上是广大吐蕃与藏等族民众为了获得充足的生活必需品茶叶等物资，而唐、宋、明等王朝为了获得大批马匹以补充军马，双方之间所进行的汉地之茶与藏地之马等的"以物易物"式的商业贸易活动。古代甘肃地区，由于地理位置、交通道路及处于边防前线等独特条件，故在"茶马互市"活动中曾起过十分重要的作用。因此，与"互市马"有关的众多史迹几乎都与古代甘肃大地有着密切关系。

"茶马互市"亦称"茶马"贸易，当初是民间的、无规制的汉蕃贸易活动。开始时，吐蕃人饮茶尚不普遍，亦未出现较大规模地以马易茶活动。在唐代，已经出现了汉地的丝绸、铁器等与吐蕃民族间的"绢马贸易"。唐德宗贞元年间（785—805），还曾出现了回纥入朝"驱马市茶"的现象，甚至出现了一些茶马互市的场所。

到了宋代，由于"茶马互市"活动逐渐增多，为了使这种活动顺利进行，并能获得更多"互市马"，于是根据需要在多地适时设置了多种类管理互市的机构。如在四川产茶区设置了41处买茶场，在陕西（包括甘肃）设置了332处买茶场，负责收购茶叶。同时，为了用茶叶能够易到马，就在从四川、陕西到熙河路（即今甘肃临洮）沿途设置了众多水陆茶递铺，专门负责茶叶的运输事务。另外，在甘肃境内的熙河路还设置了买马场6处，后来又增设了熙河、岷州、通远军（今环县）、永宁寨（今甘谷境内）等处买马场，以利进行以茶易马。显而易见，北宋时期的"茶马互市"活动，完全是一种官方专买的活动，民间的活动基本被禁止了。南宋时期，熙、秦地区先沦为金地，后成为元朝辖地，当地的买马场所只剩下原属秦州的宕昌寨买马场与阶州辖属的峰贴峡买马场，从此之后，南宋时期西北地区的"茶马互市"活动便逐渐衰落了。

明朝建立后，基本沿袭了宋代的"茶马互市"制度，尤其茶马司机构多数设置在今甘肃境内，其中主要是秦州、河州、洮州、甘州、永宁（今甘谷县境）等茶马司，另外还设有巩昌府属下的骆驼巷、梢子堡、高桥等茶运司和临洮府属下的伏羌、宁远茶运司，有时也由茶马司直接负责茶叶的转运。清代初期，曾在一段不太长的时间里，恢复了"茶马互市"制度，并在西宁、岷州、平番（今永登）、河州、兰州等设茶马司，负责以茶易马事宜。

从唐至清各王朝，由于用于易马的茶叶基本不产于古代甘肃地区，而是产于四川和陕西等地区，因此汉地之茶与藏地之马的互市由茶运司运到设在古代甘肃等地的茶马司，继而进行交易。看来这种"茶马互市"活动，是由官方垄断经营的一种经济贸易活动。由于长期运茶活动的进行，从而形成了多条著名于史的"茶马古道"。在西北地区所形成的"茶马古道"，就整个我国西部地区而言，虽然是支道，但在西北地区来说还是起了重要作用，其中一条从四川经松潘至青海，另一条从汉中通向洮岷、熙州、河州等地。

历史上的"茶马互市"活动，本来是颇为复杂的历史活动，曾有"绢马贸易"、"茶马贸易"、"差发马"、"差赋"、"金牌信符"等记载，但记载过于笼统，很难知其全面情况，现分时段予以简介：

2. 北宋初年与西北少数民族的"茶马互市"

北宋初年，曾在张掖扁都口等地设置茶马互市场所，运用茶叶换取少数民族的马匹以保证战马的补给。当西夏政权占据河西走廊后，北宋在河西的茶马互市活动基本停滞，山丹马场逐渐被废弃。北宋初年在西北各地所设马市或买马场，采用货币、纺织品、粮食、食盐及手工业品等多种支付手段，与吐蕃、回鹘、党项等少数民族进行马匹交易。尽管，随着边疆形势的起落，在边境设置的马市数量有所增减，主要市马地点有所变化，但是市马在北宋马政中却始终占有重要地位。根据北宋时期开边市马具体情况，可以将其划分成两个时期：北宋建立之初到神宗熙宁五年为第一个阶段；宋神宗熙宁五年以后直到北宋灭亡为第二个阶段。

根据《宋史·兵制》记载，宋太祖建隆年间（960—963），北宋政府"岁遣中使诣边州市马"。北宋初期边事较少，"市马唯河东、陕西、川陕三路，招马唯吐蕃、回纥、党项、藏牙族、白马、鼻家、保家、名市族诸蕃"。宋太宗雍熙、端拱年间（984—989），边境市马场点逐渐增加，达数十处之多，"皆置务，遣官以主之"。河东路有麟、府、丰、岚四州，岢岚、火山二军，唐龙镇及浊轮砦；陕西路则有秦、渭、泾、原、仪、延、环、庆、阶九州，镇戎、保安二军，山陕间黄河以西有灵、绥、银、夏四州；川陕有益、文、黎、雅、戎、茂、夔七州，永兴军；京东有登州。宋真宗时期（998—1022），北宋政府创置估马司具体负责边地购马事务，"凡市马，掌辨其良驽平其直，以跟给诸监"。但是，随着西夏赵明德据有河南地区，北宋市马地区开始减少，"其收市唯麟、府、泾、原、渭、秦、阶、环八州，岢岚、火山、保安、保德四军。其后置场，则又止环、庆、延、渭、原、秦、阶、文州，镇戎军而已"。

总体而言，河东、陕西、川峡三路是北宋前期向吐蕃等族市马的主要地点。但是，北宋市马的数量受多种因素的制约而变化不定。根据《宋史》记载："大抵国初市马，岁仅得五千余匹。天圣（1023—1032）中，蕃部省马至三万四千九百余匹。嘉祐（1056—1063）以前，原、渭、德顺凡三岁市马至万七千一百匹，秦州券马岁至万五千匹。"宋仁宗年间（1023—1063），党项族势力崛起建立西夏政权，北宋政权在西北地区的战马来源基本断绝，西北边地的市马区域迅速缩减，仅限于河东府州、苛岚军及陕西熙河、秦凤等几处地点，西马（来自河东、陕西的马匹）输入量顿减。以后又逐渐恢复与新开了原、渭、秦等州，岢岚、德顺、镇戎三军及永宁、古渭二寨等处市马，但是收效甚微。而川峡马市如戎、黎、推等州则无战事之虞，川马（来自川峡的马匹）输入并未受到影响，从而使川马在北宋政府的市马总额所占比例渐渐增大。

3. 宋神宗熙宁五年以后的"茶马互市"

宋神宗熙宁时期（1068—1077），北宋王朝收复熙河路，市马地区遂向陇右其它地方扩大。宋神宗熙宁五年（1072年），北宋王朝正式废弃牧监养马制度，而市马需求量相应增加，边地市马在宋代马政中的作用也越来越大。宋神宗熙宁五年（1072年），北宋王朝又改变以往被动防御的安边政策，曾派遣王韶等人率领军队全力开拓经略熙河地区，并正式设熙河路，以熙、河、洮、岷四州及通远军辖属各州设知州通判，蕃酋任蕃部巡检；州、军之下，复置县城、堡、寨，内附的吐蕃各部均置于汉官统治之下，采取部族制进行统治。北宋王朝开拓熙河地区，深刻地影响着北宋中后期马政的发展。此后，北宋茶马贸易的范围扩大到了熙河地区，市马更加活跃。

北宋王朝为保证茶马贸易的顺利进行，更加重视市马机构的设置。宋神宗"熙宁中，始置提举熙河路买马，命知熙州王韶为之"。又根据

《宋史·职官志》、《文献通考》等文献记载，熙宁七年（1074年），北宋王朝收复熙河地区之后，宋神宗采纳经略使王韶以茶市蕃马的建议，设置提举成都府路茶场司、熙河路买马司，分别办理榷茶和买马事宜。据载：熙宁八年（1075年），"诏熙河路六处置场买马"。熙宁九年（1076年），"置熙河、岷州、通远军、永宁寨买马场"。熙宁十年（1077年），"置群牧行司，以往来督市马者"。

北宋王朝占领河湟地区之后，在经济上实行屯田、营田、榷茶博马等政策。原自汉唐以来，河西地区一直是良马的产地，北宋初年，其军马的主要来源仍由河西诸蕃部供应。时至熙宁时期，河湟地区亦盛产优质马匹，其中熙河产马最多。北宋王朝在熙河路设置牧监，专门饲养马匹，经过多年经营，熙河路茶马司每年给北宋军队源源不断地提供战马。北宋王朝发动熙河之役，从某种程度上讲是其废弃内地牧监制度后解决战马不足的策略，而征服河湟地区直接获得大量价廉物美的战马，从而保证了北宋王朝重要军事战略物资——战马的来源。对于北宋马匹的来源及其在宋夏之战中的重要性，何亮在《安边书》中分析如下："冀之北土，马之所生，自匈奴猖狂之后，无匹马南来，备征带甲之骑，取足于西域。"如果西夏攻占了西北诸戎之地，则"戎人复不得货马于边鄙，则未知中国战马从何而来"？

从宋神宗以后至徽宗时期，西北地区的市马数有较多增加，最多时每年可达三万匹。如果再加上马市每年买马所支出的茶、绢、铜币、盐钞等，其折价更是一个不小的数目，陇右地区市马之活跃由此可见一斑。

4. 明初"茶马互市"简况

明朝建立之后，沿用了自唐、宋以来的茶马互市政策，并取得了良好效果。据薛仰敬《养静文集》资料，明洪武年间以茶、盐、银、姜、布等先后从西北藏族等易得马匹不少，其中洪武七年（1374 年）易得马 294 匹，九年（1376 年）易得 403 匹，十一年（1378 年）易得 688 匹，十二年（1379 年）易得 192 匹，十四年（1381 年）易得 697 匹，以上共易得马 2274 匹。

永登是河西走廊东大门，又是去青海的通路。这里先后有过令居、允街、广武、庄浪、平番、永登等郡、卫、县建置。两千年来，历代政府在此设立行政管理机构始终不衰，其地理位置之重要可见一斑，故在明朝时，这里便成了进行"茶马互市"的重要地区。

明嘉靖后期（1557—1565），朝廷曾设立庄浪（今永登）茶马司，与西宁、河州、洮州、岷州、甘州共为陕西行都司设在甘肃的六大茶马司，与藏、蒙等民族互市。一匹马换茶叶平均数十斤至一百斤。万历之际，庄浪茶马司每岁易马 400 匹为定额。清初西北地区设五茶马司，庄浪为其中之一。雍正八年，甘肃巡抚规定庄浪茶马司茶价每封（五市斤）七钱五分。乾隆十八年（1753 年）庄司茶务归庄浪监屯厅管理，后改庄浪茶马同知，兼辖熟藩三十四族，与平番县并置一城，归凉州归属。咸丰三年裕文撰《重修庄浪茶马厅衙署碑记》中说："尝考茶马厅设自国朝，衙廨建于明季。规模宏敞，气象光昌，洵足壮中国之威仪，而为番氓所景仰者也……费用两千多金，筑室八十余所。"从记载尚可见当时茶马厅衙署之建筑概况。关于庄浪茶马交易据有关资料记载，仅乾隆十三年（1748 年）平番县统计有当铺 31 家，茶商 99 名，茶商纳税后由官府发给准许行销的凭证"茶引"多达 5786 道，共计征收茶 5756 封，共计 287825 斤。官府让商人持票据将川徽湖广所产茶叶移运这里推销。茶为从事畜牧业食肉食乳民族所必需之物，而国家则以茶易马以备军需，是明王朝长期对边疆少数民族羁縻政策的重要组成部分。永登是明清两代国家长期设在甘肃的茶马互市地之一。直至 20 世纪 40 年代有人还记述说："永登县府礼堂的左侧有一门上写'甘肃庄浪茶马厅'"官署名尚在。

(二) "差发马"

"差发马",也可称之为"以马为赋",即是向藏族地区已归服藏族部落以赋税形式征收马匹。这也是明王朝获得马匹的一种重要举措。据考证,"以马为赋"政策,始行于洪武十六年 (1383 年)。这年正月,朱元璋颁布敕谕道:"西番之民归附已久,而未尝责其贡赋。闻其地多马,宜计其地之多寡以出赋。如三千户则三户共出马一匹,四千户则四户共出马一匹,定为土赋。庶使其知尊君亲上奉朝廷之礼也。" 到了洪武二十五年 (1392 年)五月,河州必里等藏族奉召争出马以献,朝廷得马 10340 匹,朝廷给茶 30 多万斤。同年八月,西宁卫所属藏族酋长岁输马 200 匹以为常赋。从此之后,差发马政策在藏区逐渐推行开了,同样获得了大量马匹。

明代为获得藏地马匹,还曾创"金牌信符"之制,在较长时间用以征收藏马。据载,洪武二十六年 (1393 年),明朝特制"金牌信符"(又称金铜信符)四十一面(意即副),每一面由上号与下号两半组成。金牌上铸有篆文,上部为"'皇帝圣旨',左曰'合当差发',右曰'不信者斩'"。继而将金牌信符下号分发各藏族部落,用以收纳藏族马匹,其中分给洮州火把藏思囊日等族金牌四面,收得马三千五十匹;河州必里卫西番二十九族,金牌二十一面,收得马七千七百五匹;西宁曲先、阿端、申藏等族,金牌十六面,收得马三千五十匹。金牌信符上号存内府,每三岁遣官带上号去藏地合符,以利收马。颁发金牌信符通道有二,一出河州,一出碉门(今四川天全县境),运茶五十余万斤,共获马一万三千八百匹。以上这些资料客观而又充分地反映了中原王朝与藏族人民的密切关系,同时也说明,当时的甘肃地区既是进行"茶马互市"的最主要地区,又是互市马所经过的最主要地区。

十一、呈现新生机的"普氏野马"

"普氏野马"亦称甘肃野马，是中国野马的一部分。自古以来一直生活在新疆东北部、甘肃西北部、内蒙古和蒙古人民共和国西部地区。自 1878 年起，因沙皇俄国军官普热瓦尔斯基率领探险队先后三次进入我国新疆准噶尔盆地奇台至巴里坤的丘沙河、滴水泉一带搜捕、采集野马标本，故于 1881 年由沙俄学者波利亚科夫正式定名为"普热瓦尔斯基马"，习称"普氏野马"。"普氏野马"在近代史上被欧州人捕获运往国外，故国内曾一度踪迹消失。至 20 世纪 80 年代，我国政府开展"野马还乡"工作，从而使"普氏野马"又恢复了勃勃生机。为使读者对普氏野马在今甘肃省境内放归自然保护区进行野化情况有较多了解，现结合相关资料予以简介。

(一) "普氏野马"概况

据有关专家研究，中国普氏野马是一种古老的物种，其演化史长达五六千万年之久，其染色体为 66 个，比家马还多出一对，因此它比大熊猫、鸭嘴兽等动物"活化石"更具有进行动物演化研究的价值。值得一提的是 1998 年甘肃省博物馆自然部根据线索，在兰州城区西北民族

| 人工放养的普氏野马

学院后山发现了普氏野马头骨化石。原来，在地质历史上的晚更新世（距今约 10 万年前后），普氏野马的分布范围十分广阔，其范围从新疆西部直到台湾海峡。然而现存的普氏野马却是一种濒于灭绝的动物，在近代的分布区只限于中国新疆东北部和蒙古科布多盆地一隅之地。现代作为亚洲腹地荒漠戈壁特有的大型珍贵有蹄动物，早在二三十年前已在荒原上失去踪迹。

普氏野马的祖先中国野马，早在周穆王西征之前已被西戎人所发现，故在周穆王东归时，西王母送给他"野马野牛四十，守犬七十，乃献食马"。明《本草纲目》中也有"野马似家马而小，出塞外，取其皮可裘，食其肉云如家马肉"。契丹族诗人耶律楚材有"千群野马杂山羊，壮士弯弓损奇兽"的诗句等，这些都是对中国野马历史简略而客观的反映。

从对甘肃省现存普氏野马观察得知，这种野马头部长大，颈粗，耳朵比驴的短，口鼻部尖削，嘴钝，牙齿粗大，蹄宽圆，外形似家马；额部无长毛，颈鬃短而直立，颈、腰两侧之毛呈棕色，腹部、四肢内侧毛略呈乳黄色，四肢多有二至五条明显黑色横纹；冬季毛略长而粗，色变浅，夏季毛为浅棕色；两颊有赤褐色长毛，口鼻有斑点；背部平坦，有明显深色背线，且从脊椎一直延伸至尾部；体长约 210 厘米，肩高约 110 厘米，尾长约 90 厘米，体重约 350 千克。中国普氏野马性机警，善奔跑，过着三五成群游徙不定的生活。

（二）"普氏野马"的历史遭遇

从 1899 年到 1903 年的几年间，中国普氏野马共有 50 匹左右被捕获并运抵欧州英、德等国家圈养或栏养。此后，在我国新疆、甘肃、内蒙古西部几乎见不到普氏野马的踪迹了。同时，早先运到欧州等国家的普氏野马至 1945 年第二次世界大战结束时，仅在捷克布拉格和联邦德国慕尼黑两个野生动物园剩下的数量还不到 20 匹，而且其中仅有一半马具有繁殖能力。显然，普氏野马在中国历史上遭到人类捕杀和其它自然因素影响，致使其在国内逐渐走上了灭绝之路。但在国外还有例外，如乌克兰的阿斯卡尼亚诺瓦野生动物园，为了重建野马群，除从慕尼黑和布拉格买去了几匹普氏野马外，还在1957 年从蒙古

普氏野马

人民共和国的国家种马场买去一匹于 1947 年捕获的真正的普氏野马。实际上全世界仍存普氏野马都是当时具有繁殖能力的 3 匹公马和 7 匹母马的后代。后至 1985 年时，在世界美、英、荷兰等 112 个国家和地区所存活普氏野马达 700 多匹，而且是圈养和栏养。

（三）"普氏野马"呈现新生机

中国野马被运到国外 80 多年后，直到 1986 年 8 月 14 日，中国林业部和新疆维吾尔自治区人民政府成立专门机构开始作"野马还乡"工作。1989 年第一次从国外引进普氏野马 18 匹，从此对所引进普氏野马进行复壮、恢复自然野性试验，以利此后放归大自然，恢复扩大中国野马野生种群。

普氏野马最终将放归大自然去过野生生活，恢复野外种群，这是中国野马保护工作所追求的重要目标。普氏野马从国外引进时间虽然不长，养护经验虽不十分丰富，普氏野马过冬、抗御严寒能力仍然有待增强，不过近年来在一些方面的努力，已使甘肃省圈养、栏养和放归大自然的普氏野马种群初显较快增长生机。

近年来，甘肃省普氏野马种群初显较快增长生机，主要表现在以下方面：首先，甘肃省创

普氏野马家庭

办了"武威濒危动物繁育研究中心"与"敦煌西湖国家级自然保护区"，引进并饲养普氏野马，结束了省内无普氏野马的历史。继而在 2010 年 9 月 25 日，又将 7 匹中国普氏野马放归敦煌西湖国家级自然保护区过野生生活，结束了栏养历史；2012 年 9 月 6 日上午 10 时，甘肃省再次将饲养在武威市的 21 匹普氏野马放归到敦煌西湖国家级自然保护区过野生生活。这样，甘肃省放归大自然的普氏野马已达 28 匹（后来一匹母马意外死亡）。其次，甘肃省放养野化的普氏野马已形成 4 个野化群，其中 3 个繁殖群、一个全雄群，并先后生下 4 匹小马驹，从而已放养普氏野马目前增至 30 匹。第三，目前甘肃省所放野和圈养普氏野马已增至 74 匹之多，呈现较快增长趋势。

十二、展现少数民族新风貌的赛马盛会

甘肃省境内的藏族、裕固族、哈萨克族、蒙古族等民族，绝大部分生活在草原地区，历史上普遍以畜牧为生，其中马是所牧养三大畜种之一。自古以来，马同各少数民族人民的日常生活非常密切，马能够为各少数民族人民在变换牧场时驮运东西，为各少数民族人民提供肉、奶和皮等产品，还可供各少数民族人民骑乘等。生活在草原地区的各少数民族人民，在历史上形成了悠久的赛马传统。我省各少数民族人民所生活的草原地区有不少地方地面宽阔、平坦，从而在很早以前就变成了民族节日的赛马场所。在今甘肃省境内驰名的赛马活动，主要有天祝县藏族赛马、玛曲县藏族赛马、肃南裕固族自治县赛马、苏北蒙古族自治县赛马和阿克塞哈萨克族自治县赛马等。

（一）天祝藏族的赛马盛会

天祝县是甘肃省藏族的主要聚居区之一。这里的藏族人民虽然过着农牧兼营生活，但仍然继承了悠久的赛马传统，所以每年 6 月松山草原的赛马会盛况空前。

天祝县松山草原赛马，藏族人民称为"达久"，每年在端午节时举行。松山草原的赛马活动已经延续了 200 多年之久，一到赛马之日，此地草长莺飞、人山人海、骏马齐集。这里的赛马活动分为"跑马"与"走马"两种比赛形式。"跑马"赛，不要求赛马步伐，只是追求赛马扬蹄奔驰，以快取胜；"走马"赛，讲求赛马步态，并要行进有律，骑手姿态要优美，人马配合要默契，赛马既不能四蹄同时腾空，更不能踏错步伐和出现跑步现象。

松山草原藏族的赛马活动颇为奇特，别处赛马优胜名次为第 1 至第 3 名，而松山赛马名次则为第 1 至第 13 名。这为何故？原来吐蕃王松赞干布在迎娶文成公主进藏时，曾举行赛马大会，他和牧民一起参加赛马活动，而名次仅列第 13 名。正因有这一历史传说，所以在松山赛马活动中，赛手们都力争第 1 名，若争不到第 1 名就去争夺第 13 名。

在松山草原进行"跑马"赛时，每个赛手都身穿鲜艳民族服装前来参赛。赛马跑的距离一般设为 3000 米，赛手常有数十名。 "跑马"赛开始时，赛手们骑在各种不同颜色的赛马背上在跑道起点排好队，当信号枪声一响，每匹赛马都从跑道起点冲出去飞快奔跑，这时观看的群众顿时发出此起彼伏的欢呼声和加油声，这时赛马活动盛况就达到了高潮。

"走马"赛，是赛马会上最具魅力的赛马形式。这种赛马，有时数为十匹马，有时为一百多匹马进行比赛。比赛时主要看赛马"走"的姿态、步调，看赛手与赛马的配合是否协调，还要看赛手姿态是否优美等。这种比赛实际上是看赛马是否聪明、伶俐，是否训练有素，还要看赛手是否具有一定表演才能和对赛马的驾驭能力等。

松山草原赛马会延续到今天，已经变成了天祝藏族、土族和汉族等邻近各县多民族人民集赛马、歌舞表演的多民族文化娱乐和商品交流盛会，堪称是比赛激烈、热闹非凡的赛马盛会。

（二）玛曲藏族的赛马盛会

玛曲县河曲草原赛马会，全称为"中国甘肃·九色甘南香巴拉·玛曲格萨尔赛马大会"，定于每年 8 月 13 日开幕，赛期一般为 3 天。届时前来参赛的有甘南州各县、青海省河南县、四川省若尔盖县及新疆维吾尔自治区等地选手。每年参赛的赛马数百匹，另有观众所骑乘到达场外马千匹左右；前来观看赛马的各族群众有时逾万人，有时甚至达二万人之多；来到赛场内外的马匹，毛色多黑、青，另有部分骝马（身毛赤、鬃毛黑之马，亦称骅骝)和白马等。赛场布置在绿色草原上，赛场外布置有会场，会场周围布置有大型彩色气球、彩旗，还搭有舞台。在赛马会开始时，先举行入场式，然后由藏族歌手演唱歌曲、由藏族演员表演舞蹈。接着表演打马球、骑马捡哈达等。甚至部分牧民还牵着藏獒来到赛马场跑道上，让其一展尊容。

赛马活动分为 1000 米、2000 米、3000 米、5000 米、10000 米等多个项目，然后依次进行比赛。在每一项鸣枪开赛后，诸赛马竞相快速奔驰在赛道上，看台上观众顿时沸腾起来，欢呼声、加油声响彻玛曲草原，这样的高潮曾一再出现，使广大观众无不感到震撼和激动！

当各项比赛决出名次后，每一项的前五名均获得"河曲宝马杯"，其中各项第一名获金马杯、第二名获银马杯、第三名获铜马杯，第四、第五名获纪念杯，同时还发给荣誉证书，并分等发给一定数额奖金。

河曲赛马会原为民间传统的小规模比赛，近年来随着甘南州玛曲县经济、文化的日益发展，遂以民间传说中的藏族英雄格萨尔名字命名赛马会，从此一举成为名闻全国的大型赛马盛会。

（三）肃北蒙古族的赛马盛会

酒泉市肃北蒙古族自治县的蒙古族人民，在历史上是游牧民族，具

肃北蒙古族的赛马盛会

有悠久的小型赛马传统，到了 2011 年，开始举行全县性较大规模赛马大会，并正式定名为"肃北蒙古族自治县那达慕民族风情旅游暨孟赫嘎拉艺术节"。在举行艺术节之前，曾邀请甘肃、内蒙古、青海、新疆、辽宁、吉林、黑龙江、四川等 8 省蒙古族运动员参赛。2013 年 8 月 3 日至 5 日举行了第三届"那达慕民族风情旅游暨孟赫嘎拉艺术节"，期间进行了赛马、赛骆驼、摔跤比赛，并演出了文艺节目。

　　肃北县一年一度的"那达慕"（蒙语意为娱乐、游戏）盛会，以娱乐为主，但赛马仍不失为重头戏。肃北县"那达慕"大会上的赛马分为奔马赛、走马赛和马术表演。在进行奔马赛时，号令一下，众赛马似离弦的箭飞奔起来，接着有的女运动员倒立马背上由马驮着奔跑，也有些女运动员站立马背上做平衡动作，还有些男运动员一人骑奔跑的二马躬身捡哈达。更令人拍手称绝的是六人骑三马在赛场上飞驰。走马赛主要是赛骑术，即使有一定速度，但仍要保持优美姿势。

　　参赛的每一个蒙古族运动员，都特别注重穿着。他们的运动服有红、黄、蓝、白等各种颜色，甚至同一个运动员身上穿着几种颜色服

| 激烈地赛马会盛况

装，看起来鲜艳、漂亮。运动员的帽子种类和颜色也是多种多样，不少运动员的头上还系有彩色飘带，在风吹拂下不停飘扬。在比赛中，观众此起彼伏的加油声与喝彩声，把赛马活动推向了高潮！

（四）肃南裕固族的赛马盛会

在肃南裕固族自治县境内，主要生活着裕固族、藏族、蒙古族等各族人民。裕固族是我国 56 个民族中人口最少的少数民族之一，现仅有 1 万多人口。由于他们长久以来一直驱赶着马、牛、羊等牲畜在河西走廊之南祁连山区草原上过游牧生活，从而被称为"马背民族"。生活在肃南县境内的藏族和蒙古族人口也很少，赛马都是这些少数民族人民的传统体育比赛项目，但规模小，多以娱乐为主。近些年来，在当地政府大力支持下，开始把具有相同传统体育活动的裕固族、藏族、蒙古族人民组织起来，举办县级体育运动会，赛马是其中主要比赛项目。

在肃南裕固族、藏族、蒙古族等少数民族人民的体育盛会上，比赛项目主要是赛马、"大象拔河"、摔跤、顶杠子、射弩等。赛马项目又分为"奔马赛"和"走马赛"两种形式。"奔马赛"主要是赛速度，而"走马赛"则主要比参赛马的"走式"。在这一多民族体育盛会上，凡参赛运动员都穿着民族服装，显得华丽、漂亮；参赛马匹也都用红、黄、蓝、白等彩色丝绸打扮得很漂亮。在正式比赛时，观众不断喝彩，呐喊助威，赛场上一片欢腾景象。

在前些年，裕固族、藏族、蒙古族的青少年，由于受上学、出外工作等情况影响，同马的接触减少了，甚至出现害怕骑马现象。最近这些年，由于地方政府对少数民族传统体育活动的重视与大力支持，使部分青少年又喜欢上民族传统体育活动了，进而出现了"重回马背"新现象。

（五）阿克塞哈萨克族的赛马盛会

甘肃省阿克塞自治县的哈萨克族，历来被誉为"马背上的民族"。相传，哈萨克族具有悠久的养马传统，人人喜爱马，个个是骑手，尤其10岁左右小孩骑在未备鞍的马背上飞驰早已是司空见惯现象，所以，"英雄靠骏马，飞鸟凭翅膀"谚语近乎家喻户晓。

在历史上，哈萨克族向来有在喜庆集会、民族节日时举行赛马表演的传统。到了前些年，为适应社会发展需要，开始举行全县性包括赛马在内的体育比赛大会并已成为固定化的活动。哈萨克族的体育比赛项目较多，其中主要有："姑娘追"、"叼羊"、"马上劈刺"、"骑马拾哈达"、"走马"、"速度赛马"等。这些项目，都是骑着马进行比赛的。至于"速度赛马"项目，也是颇为复杂的，其中包括1000米、3000米、5000米、10000米等子项比赛。"走马赛"也分1000米、3000米等子项。另外还有 15000 米的马的耐力赛。从以上体育比赛项目，就可以看出甘肃哈萨克族人民是十分热爱赛马体育活动的。

哈萨克族人民在参加赛马比赛时，每一个选手都穿着鲜艳夺目的民族服装，同时把赛马也打扮得很漂亮。凡是参赛马匹的鬃毛和尾毛都必须用各种彩色布条辫起来并绑在一起，作为识别标志。当正式开赛后，打扮漂亮的运动员和赛马出现在赛场上时，自然引起广大观众的欢呼与喝彩，尤其是 10 岁左右小孩骑着未备马鞍的赛马比赛时，观众们情绪更为高涨，呼喊声、加油声顿时把比赛推向高潮！这种赛马不仅体现了赛马活动的尽善尽美，而且充分体现了哈萨克族人民爱马、尚马的传统精神。

（六）碌曲藏族的赛马盛会

碌曲县境内大多山地和川谷是草原，少部山区分布有森林。此地自古以来是西羌和藏族的游牧之地，畜牧业一直十分发达，而且又是河曲马的产地之一。养马业历史悠久，自古就形成了赛马文化。

碌曲县藏族人民的赛马，实际上也是一种传统体育活动，其由来已久。相传，其来源有三：其一说，在很久以前，华热部有英勇善战的 13 兄弟，最小的弟弟尤其聪明过人。在一次保卫本土安全的战斗中，他们率领华热 108 个部落英勇冲杀，流尽了最后一滴血。后来人们为了纪念他们的丰功伟绩，每年举行赛马会，取前 13 名给予奖励，并给第 13 名特加一条哈达，以表示对小弟弟的崇敬。其二说，在唐朝时，吐蕃赞普松赞干布迎娶唐朝文成公主，并在拉萨举行盛大的庆祝活动，其中就有赛马项目。松赞干布也和群众一道参加赛马活动，赛后发现松赞干布名列第 13 名，公主在群众欢呼中特给松赞干布献了一条哈达，表示敬重和祝贺，从此这一习俗流传至今。其三说，藏族华热部落有著名的 13 战神，他们跟随格萨尔王战斗，驱逐了盘踞当地的妖魔和霍尔军队，并救出了珠姆。后来 13 战神留驻此地，帮助华热部保卫本土，发展生产。因此，每年举行赛马会，并对前 13 名给予奖励，表示对 13 战神感恩戴德、永世不忘的感情。碌曲县的赛马，主要有两种形式，即走马和跑马。走马是侧步快速走动，要求在 100 米或 200 米的距离中步伐不乱，快而稳健，稳中求快；跑马亦称奔马，交叉高速奔驰，以快取胜，赛程约 5 公里。赛马动作有乘马越野、乘马捡哈达、乘马射击、乘马射击、举红旗、乘马跨障碍物等。赛马活动的动作惊险、难度高，参赛和表演者必须沉着果断，胆大心细。赛马大都在气温暖和、山清水秀、牛羊肥壮的夏秋季举行，时间三至七天不等。每年赛马会期间，参赛的马往往要打扮得漂漂亮亮，配上美丽的鞍具，马头马尾还要扎上红红绿绿的吉祥布条。赛马开始的日子，也是祭山神的日子，首先要请僧人念经。牧民们则要煨桑，向神山献旗，在山上垒嘛呢堆，挂经幡等，祈祷吉祥平安、人畜兴旺、竞赛获胜。

赛马的骑手大都为少年，身着薄薄的黄色缎子藏装，头戴饰以雁翎、外镶红黄布面缎、太阳和月亮型号的毡帽，腰系红或绿绸带，脚穿毛线袜。当信号发出后，骏马立刻向前冲去，这时骑手要控制马速和奔跑方向，不让马随心所欲地疯跑，快到终点时，放开马辔，挥动马鞭，全力冲刺。获得头名的选手，亲朋好友则送上哈达、绸缎等，表示祝贺。比赛结束后，男女青年们便自发地围成圆圈，跳着锅庄，尽情歌舞，庆祝这美好时光。

（七）舟曲藏族的"跑马节"盛况

舟曲县坪定乡，有一个奇特的"跑马节"，此节由来已久，相沿成俗。这一"跑马节"，每年在各种农作物幼苗出土、苗壮成长的三月二十五日开始聚会举行，故又叫"青苗会"。

相传，明朝洪武年间（1368—1398），当地遭受外地强人势力的袭击，五谷秋苗遭受践踏，民众不得安宁。这一情况激怒了"泰山爷"和"朱砂"二神。二神遂令民众武装军马，抬来"将军"(土炮)，于三月二十七日点燃土炮。土炮一声巨响之后，只见当地强人头目居住的竹字坡石崖突然坠毁了。"泰山爷"随之喝令道"骑马者、拉马者"奋勇追击，并终获大胜。第二天，民众聚集起来进行了庆贺。从此，强人畏惧，民众得安，禾苗茁壮。民众纪念这次胜利的活动，一直延续至今。

"跑马节"的具体进行，大体分为"演练"、"接驾"、"庆贺"三个阶段：

"演练"阶段：从三月十五日起，民众开始敲锣、制作兵器，直至二十六日，以示"战备"。二十六日为正式"演练"日，这天，炮声一响，民众聚集一堂，首先进行"写旗"。"写旗"时，执笔者用麻纸、黑布裹嘴"写旗"，以示庄重。旗面写上专门用语，并以碗边落印。旗为一整张大纸，为红黄色，另沾上白色锯齿状边和三条下垂纸絮，然后用木杆撑起。其余六旬老人排成一横排，饮酒坐配。旗写好后，由一人举起，引领着行进到禅床寺前进行"演旗"。在"演旗"时，扮为"土兵"者手持长矛、大刀，分列两排，形成对峙状，旗手由该年主持会事的 12 人担任。接着由二锣前引，内、外、左、右各转三圈。当一声炮响，两排长矛、大刀做相互对打、厮杀之势，实即戏耍一番，随着喝令声冲向远方。

舟曲县"跑马节"的跑马，因在山区进行，自然显现出一种与草原赛马极为异样的场景。三月二十七日这天拂晓，乡民们牵马、骡出厩进行装束：头扎红绸，尾坠纸花，身披彩虹，符纸点缀，马背上还搭有棉毯、毛毯、栽绒马褡。马、骡脖子还挂有铃铛，随步作响，继而向松树梁下的向阳台牵去。由于通往西寨村的是条山路，马骡在湾曲的山路上急驰，从而形成一条游动的彩带。届时急驰的马、骡队的铃声、蹄声和人们的喝令声，在山间汇成一片。

"接驾"阶段：向阳台位于坪定乡的西寨村。到了西寨村，在人们的夹道喝彩及锣鼓、鞭炮声中马骡队进入会场。西寨村会场上搭有"接驾"棚，场地中间还设有一帐篷，帐篷内供奉着"泰山爷"等神，帐篷外彩旗招展，人声鼎沸。届时汇聚在这里的近百匹马、骡，由演旗者引导着在场内绕9圈。这时拉马者弃开缰绳，马骡扬蹄欲奔，主事者大声念口诀，这时"三捻炮"点燃，发出一声巨响，马、骡争相快速奔跑起来。牵马人群奋起直追，在会场观看人群发出催促的吼令。马跑结束后，会务主事者给获得第一名的马或骡子搭红一条，给马或骡主人授美酒一壶、蒸馍5个。将获得其他名次的马、骡，按名次予以登记，以备下一年挑选。

"庆贺"阶段：在赛马结束以后，各村60岁以上老人手执金瓜、朝天镫、大钺等兵器，簇拥着"泰山爷"到当年曾是先人们住所的城里头举行庆典。到那里以后，大家谈天说地，共进午餐。这一午餐，最有趣的是只煮一个鸡蛋，在用于祭祀后，分给与会所有老人吃，从而形成了舟曲"一个鸡蛋散一百"的典故。三月二十八日，民众集会，以祈田苗茂盛、人畜兴旺，然后推选好下一年的"跑马节"筹办人，庆贺活动至此结束。

十三、古诗盛赞陇原马

甘肃大地包括有陇东、陇西和河西走廊三大地理区域。这三大地理区域的中东部深处我国的腹心地区，而河西走廊为漫漫戈壁、沙漠、绿洲、高山与新疆、青海及蒙古高原连接，西南部的岷山与川西高原相连，东北方的戈壁草原与宁夏、内蒙古接壤，通达西域各国的丝绸之路，横穿甘肃东西两千多里之地。在这些地理条件影响下，历史上曾发生了中原王朝与边疆民族、中原王朝与西域各国密切的经济、文化交流，但也不可避免地发生过众多战争。以上的这些历史活动，都离不开马匹，古代众多诗人用大量诗篇曾对甘肃的马匹进行了吟咏，其中众多诗篇对汗血宝马、边塞马、邮驿马和民间马，或用整篇诗、或用一两句诗、或用一个词对马作了吟咏，从而使不少甘肃马的形象跃然纸上。

（一）诗赞汗血宝马

汗血宝马最初盛产于西域大宛国，不过，还在西域大宛国汗血宝马传入中国之前，即在汉武帝元狩三年（前 120 年）秋，一个南阳新野名叫暴利长的刑徒曾从敦煌渥洼水（今月牙泉）边发现并捕获了一匹野生汗血宝马。暴利长为了"神异此马"，就说此马是从渥洼水中出来的，继而就把这匹史称"渥洼马"的野生汗血宝马献给了汉武帝。汉武帝得马，兴奋异常，遂作《太一之歌》赞颂道："太一况，天马下，霑赤汗，沫流赭。志俶傥，精权奇，籋浮云，晻上驰。体容与，迣万里，今安匹，龙为友。"汉武帝这首诗的大意是说："太一"（天帝）至高无上，它所恩赐的天马从天而降；天马之毛被赤红、呈沫状的鲜血所浸湿；天马志趣非凡，任性不羁，它的神态矫变奇异；天马踩踏着天上浮云尽情奔驰，以悠闲自得的神情遨游万里太空，天地间只有龙才能和它成为朋友。

这匹"渥洼马"，曾经成为汉武帝的御用马。它的被发现，在历史上是一件非同寻常之事，从而后世不少诗人也曾赋诗予以咏颂。唐代杜甫《沙苑行》诗云："龙媒昔是渥洼生，汗血今称献于此。" 张仲素《天马辞》诗云："天马初从渥水来，郊歌曾唱得龙媒。不知玉塞沙中路，苜蓿残花几处开。" 宋人李复《题画马图》诗云："龙种天驹产渥洼，五云毛色散成花。" 李庭《送孟待制驾之》诗云："渥洼龙媒天马子，堕地一日能千里。"在历史上由于历代诗人对犹如神龙般的渥洼马和其它汗血宝马的尽情咏颂，从而形成了一种奇特的咏颂汗血宝马的诗风，并因此谱写了中国汗血宝马史的重要一页。

"渥洼马"，前些年曾有人认为是从敦煌南湖边捕获的，这是由于把南湖误为"渥洼水"的缘故。其实，"渥洼水"不是南湖而是月牙泉。下面部分诗篇，是把汗血宝马和月牙泉连在一起咏颂的，这也反映了这些诗人有关月牙泉是"渥洼水"的观点。清苏履吉《同马参戎进忠游鸣沙山月牙泉歌》诗云："敦煌城南山鸣沙，中有大泉古渥洼。后人好古浑不识，但从形似名月牙。或为语言偶相类，听随世俗讹传讹。我稽志乘分两处，古碑何地重摩挲？……渥洼渥洼是与否？我还作我鸣沙山下月牙歌。"这首诗认为，鸣沙山下大泉就是"古渥洼"，有的人"好古"，但他胡里胡途,不知道"渥洼水"就是月牙泉。不管月牙泉是不是"古渥洼",我还是要作我的月牙泉歌。这表明作者坚持认为月牙泉就是"渥洼水",汗血宝马就是从这里捕获的。清韩赐麟《月牙泉怀古》诗云:"半泓秋水似月牙,人言此即古渥洼。曾出天马贡天子,汗血流赭喷桃花。"这首诗大意是说:深不见底的半湖秋水就是月牙泉,人们都说这就是古渥洼。从此水中出来的天马贡献给了天子,天马汗血之状犹如喷撒在身上的桃花。在这里高度赞颂了天马的美丽。民国周炳南《月牙泉歌》诗云:"闻说天马出此泉,自贡汉皇去不旋。泉耶池耶皆渥洼,何须口辩如河悬。"这首诗大意是说:听说天马出自月牙泉,自从贡献给汉武帝再也没有回来过。人们所说月牙泉、渥洼池都是渥洼水,有什么必要口若悬河地争辩呢。显然这首诗同样肯定天马出自月牙泉。

民国于右任《骑登鸣沙山》诗云:"立马沙山上,高吟天马歌。英雄不复出,天马更如何?"这首诗大意是说:我站立在鸣沙山上,高声吟咏汉武帝《天马之歌》。英雄汉武帝不会再出现了,捕获于月牙泉边的天马怎能再出现吗?看来,这是一首颇具深意之诗。因作者在诗中,把鸣沙山与天马联系了起来,这说明作者是赞成在国内首次捕获野生汗血宝马的"渥洼水"是月牙泉的观点。同时也表明,作者认为天马的出现是与英雄人物的出现是相互关联的,其言下之意:在自己所处的乱世天马是不会出现于月牙泉边的,自己也没有见到天马的那份幸运。

后至太初三年(前102年),汉武帝曾令贰师将军李广利率军第二次讨伐大宛,曾获得大宛国3000多匹汗血宝马(进入玉门关者仅为1000多匹)。当李广利将所获1000多匹汗血宝马从西域驱赶着途经甘肃大地到达京城长安献于汉武帝,汉武帝便作《天马歌》,歌中赞颂道:"天马徕,从西极。涉流沙,九夷服。天马徕,出泉水。虎脊两,化若鬼。天马徕,历无草。径千里,循东道。天马徕,执徐时。将摇举,谁与期?

天马徕，开远门。竦予身，逝昆仑。天马徕，龙之媒，游阊阖，观玉台。"这首诗的大意是说：汗血宝马从极远的西域东来，跋涉漫漫沙漠戈壁之地，昭示了九夷各族对大汉王朝的臣服。汗血宝马东来，荒寂的山谷顿时悬泉飞流，汗血宝马中的两匹毛色如虎脊之色，矫健敏捷的体态神奇无比。汗血宝马东来，亲历了荒无野草的旅途，径直顺着东来大道(丝绸之路)行走了千里之遥。汗血宝马东来，恰遇农历惊蛰之日，有谁和它相逢而并驰？汗血宝马东来，皇城长安将要把"开远门"打开迎接，届时我将骑在汗血宝马背上跨越巍巍昆仑。汗血宝马东来，必然是龙一般的骏马，我骑着它出入宫门，历观宫院中亭台楼阁。在这首《天马歌》中，汉武帝把汗血宝马的东来历程，描述得既真实而又神奇，把自己的思绪描写得既真切而又虚幻。显然，这是一首客观而又奇妙之诗。

汗血宝马对汉朝来说是一种新奇品种的马，这种马的各方面都优于汉朝的本土马，所以极受民间和汉武帝的喜爱。基于这种情况，很自然地就在当时与后世的众多诗篇中对一批批东来的汗血宝马进行了赞颂。南朝诗人虞羲在《咏霍将军北伐》诗中，借霍去病骑汗血宝马北征匈奴来怀古言志："拥旄为汉将，汗马出长城。长城地势险，万里与云平。"这是诗中的前四句，主要描述霍将军乘骑高大的汗血宝马，仗节拥旄，肩负国家重托，率部北伐，远出长城，军威何其雄壮！汗血宝马是西域名贵的马种，入汉后勇将配名马，更加显示出抗敌必胜的豪情壮志。

唐懿宗时期的翁绶所作《白马》诗云："渥洼优种雪霜月，毛骨天生胆气雄。金埒乍调光照地，玉关初别远嘶风。花明锦檐垂杨下，露湿朱缨细草中。一夜羽书催转战，紫髯骑出佩骅弓。"在这首诗里所描写的是一匹唐代白色的汗血宝马。这匹马长有雪霜一般的白毛，它生来就具有非同寻常的雄壮胆气。它们在河西走廊的玉门关地区的驯马场进行调驯，然后由一位久经沙场、长着胡须的老将骑着上阵，表现了老将的豪迈气势。到这时白马才算是真正的实现了自身价值。这首诗将老将与汗血宝马合而为一，用良马的品质衬托出了充满胆识豪气的边塞英雄将士。

周存是唐朝后期诗人，他在《西戎献马》一诗中曾咏道："天马从东道，皇威被远戎；来参八骏列，不假贰师功。影别流沙路，嘶流上苑风；望云时蹀足，向月每争雄。禀异才难状，标奇志岂同；驱驰如见许，千里一朝通。"这首诗的大意是说：天马沿着通向长安的大道行进，汉武帝的皇威业已覆盖了居住在边远地区的少数民族。天马东来想要加入周穆王八骏的行列，其事绩不亚于贰师将军李广利获得三千匹汗血宝马的功勋。天马的身影离开了关外流沙之路，放声嘶鸣于长安上林苑之中。天马抬头望着天上云彩不时地顿足急于奔驰，当望见月亮就想和夜行万里的八骏之三"奔宵"比个高低。天马禀赋特异、标志奇特，它的神骏不凡难以据实描述。如果允许天马尽情奔驰，千里之途它一天就会跑到尽头。看来，周存的这首诗，较为全面地描绘了天马的神骏和奇异，这自然使人们更加喜爱和崇尚大宛国的汗血宝马。

（二）诗赞边塞战马

古代甘肃处于中原和西北少数民族交界的边塞之地，这种条件除了便于相互友好交往之外，还容易发生双方之间的矛盾与战争。古代在中原王朝边塞地区的甘肃所发生战争，历代文人墨客亦曾多以诗歌的形式予以描述，从而形成了著名的边塞诗。在这些边塞诗作中，提到"马"字的诗句数量很多，对战马进行了多方描述，既彰显了战马的机警、灵活、快速、勇猛的特性，又 凸显了河陇地区边塞马的勇敢、坚毅、忠实和无名英雄的形象。

北周文学家王褒《关山篇》诗中有"从军出陇坂，驱马度关山"这样两句边塞特征十分鲜明的诗。这两句诗不仅描述了将士出征路途上的景观，而且也突出描写了战马在行军作战中的重要作用。这里的关山，指的是座落在宁夏回族自治区南部、甘肃庄浪等县间大陇山的一段。关山有大、小之分，大关山为六盘山的高峰，而小关山在东，且平行于六盘山，其南部延伸为崆峒山。这也是从长安去往西北的主要途经。大军若从中原出发，骑马必然跨过甘陇之地高耸入云的关山。这么高的山，单凭人力在古代是很难轻易度过的，只有凭借马的帮助，才能把出征将士、军需用品等驮运到西北边塞地区。若仔细品味，这两句诗显然把边塞战马的作用充分表答出来了。同时，这首诗在一定程度上也凸显了诗人的乐观主义精神和对边塞战争必胜的信心。

隋朝诗人卢思道的《从军行》诗，在历代边塞诗作中可谓上乘之作，诗句云："朔方烽火照甘泉，长安飞将出祁连。犀渠玉剑良家子，白马金羁侠少年。……流水本自断人肠，坚冰旧来伤马骨。"在本诗中诗人生动地描写了"白马"在战场上勇猛驰骋而"伤马骨"的事实和"良家子"出身的"侠少年"骑着"白马""出祁连"勇敢作战的英雄气魄。诗中把"白马"和"侠少年"相互烘托，共为一体，彼此彰显，处理得颇为得当和妥贴。

在唐代边塞诗中，带有"马"字的诗句自然不胜枚举。唐代王翰的边塞诗《凉州词》，就曾凸显了河陇地区浓厚的地域色彩。诗中云："葡萄美酒夜光杯，欲饮琵琶马上催。醉卧沙场君莫笑，古来征战几人回。"这首诗从诗句内容看，葡萄酒是来自西域的特产，夜光杯则是酒泉的特产，琵琶亦是从西域来到河西走廊的。从这些都可以看出西域与西北边塞的河陇之地的密切联系和河陇之地在中西陆路交往中的枢纽作用。这首诗的本意在于描述将士们举起斟满殷红葡萄美酒的夜光杯将要开怀畅饮之时，出征作战的琵琶声突然从战马背上传来。琵琶声带给边塞将士紧绷心弦的感觉，催促着将士出征，即刻进入了临战状态。马作为战争凭借的重要工具，诗句用"马上催"一词把战马高大和跃跃欲驰的特性表现出来了。面对着突如其来的战争，将士们只有怀着"古来征战几人回"和视死如归的悲壮情怀与心爱的战马一起出征。

中唐诗人郭震有首《塞上》诗，其中云："塞外虏尘飞，频年出武威。死生随玉剑，辛苦向金微。久戍人将老，长征马不肥。仍闻酒泉郡，已合数重围。"这首诗大意是说：塞外虏人的骑兵前来袭扰而致沙尘飞扬，这种情景连年出现在武威郡地方。边塞将领和身上所佩带镶嵌有宝玉的战剑生死不离，克服艰难险阻向金微山（在蒙古境）奋勇冲去。将领长期戍边即将变老，他的战骑因连年征战而无法肥壮。现在听说酒泉郡又陷入虏骑的多重包围，将领和他的战马又要奔赴战场了。在这首诗中，诗人结合边塞险恶环境赞颂了与边塞将领生死与共的战马的高大、勇猛形象。

唐宣宗时期的诗人刘驾，在唐王朝举兵收复河湟失地后，曾作《唐乐府》十首以示庆贺。《边军过》和《田西边》是其《唐乐府》诗中较为著名的两首。《边军过》诗云："城头兵马过，城里人高卧。官家自供给，畏我田产破。健儿食肥肉，战马食新谷。"这几句诗说：唐朝在西北的边防军队把河湟地区从吐蕃占据下收复了，当将士们骑着战马从城外高于城的山上走过，城中百姓过着安定的生活。官府因当地经济遭到破坏，曾给将士和百姓提供了充足的食品。将士们能够吃上肥美的香肉，而战马也都吃到了今年新产的谷物。看来这次边塞战争的胜利，意味着将士和他们的战马对唐王朝西陲边疆地区的安宁做出了巨大的贡献。刘驾的《田西边》诗，进一步描写了河湟地区战后的新面貌："刀剑作锄犁，耕田古城下。高秋禾黍多，无地放羊马。"这首诗说：唐王朝大军平定河湟地区之乱后，因无战事遂将作战用的刀剑制做成了锄头和耕犁，到了秋高气爽的收获季节，遍地是即将丰收的禾与黍，广大的河湟地区就连放牧牛马羊的地方也没有了。

晚唐时期的李频，在《赠泾州王侍御》诗中写到："一旦天书下紫微，三年旌旆陇云飞。塞门无事春空到，边草青青战马肥。"本诗大意是说：在一天早晨，天子通过最高官署"紫微"下达出征命令，陇上边塞戍军奉命鏖战了三年。如今温暖的春天来到平安无事的陇上边塞，边地到处生长的嫩绿青草使战马吃得膘肥体壮。这首诗通过对战马膘肥体壮的描述，使我们看到当时陇上处于一派和平、安宁的景象。

戎昱也是晚唐诗人，他曾长期留住在河陇地区。他所作《塞下曲》诗云："汉将归来虏塞空，旌旗初下玉关东。高蹄战马三千匹，落日平原秋草中。"这首较为通俗的唐诗，所描述的是驻守西北边塞的唐朝将士，在边塞之外打仗得胜而归，边塞地区变得空荡无人。在将士行军到"玉关东"收捲起军旗屯驻之时，三千匹高大雄健战马，在秋天夕阳下的原野上吃草。通过对边塞将士和"高蹄战马"的描述，反映了战罢归来后唐军军容的雄壮和边地安宁的景象。

张籍在《没蕃故人》诗中写道："前年戍月支，城下没全师。蕃汉断消息，死生长别离。无人收废帐，归马识残旗。欲祭疑君在，天涯哭此时。"这首诗将戍守边塞将士悲痛的心情，边塞凄凉、破败的景象描写了出来。从"前年"戍守月支开始，战争、戍边一直在持续，并遭受城下全军覆没的悲剧。两军交战，戍边战士远离故土，战争惨烈，交战双方都受到了重创，士兵与家乡故人联系中断，面对的前途命运是生离死别，戍守的士兵不知道什么时候是归期，更无法自我掌控自身的前程命运。这首诗集中表达了戍边人的经历和心情，凸显了战争的残酷持久。人是有感情的，马虽然是动物，但是在这种极端艰苦的边塞戍守和战争中，人和马成了相依为命的战友，战马不管战争胜负，总是忠诚于自己的战友，甚至在人都无心收拾残破的帐篷和战旗时，马依然会走向他们，用自己默默地表情表达对战友的祭奠。"无人收废账，归马识残旗"诗句，给人以灵魂的震撼，边塞战马忠诚勇敢的特性在此表现得淋漓尽致。

唐朝诗人岑参所写的《碛中作》诗云："走马西来欲到天，辞家见月两回圆。今夜不知何处宿，平沙万里绝人烟。"诗人以西北边塞沙漠行军途中风餐露宿生活为背景，从军作战离家越来越远，一直走向西部边陲之地，似乎有种马上就到达天边的感觉。从诗中可以看出，一路西征作战，凭借的交通运输工具是"走马"，马在当时的征战过程中是必备的，没有充足的良马，对于古代中原王朝的将士来说是十分危险的，因为他们面对的敌人基本上是有着剽悍骑兵的草原游牧民族。出征将士们骑着马行军一路向西，不知道走了多远，就像要到达西天一样，天上是何等的繁华和美好，将士们却是在现实中行军苦战。离家后每天行军赶路，前途遥遥无期，将士们过得也没有了时日，只知道看着天上的月亮已经圆了两回。

行军生活随机性很强，整日风餐露宿，还需提高战备警戒，过居无定所，食无定餐的野外生活。陇右茫茫的沙漠和杳无人烟的边塞荒凉自然环境，以及驰骋塞外艰苦的军旅生活，融汇了诗人初赴边塞的新奇之感和远离家乡的思乡之情。诗人对荒凉的前不着村后不着店的艰苦卓绝的沙漠环境作了生动的描述，这其中更表现出行军将士们一种行军报国之豪情。

王昌龄《从军行》诗云："玉门山嶂几千重，山北山南总是烽。人依远戍须看火，马踏深山不见踪。"这是王昌龄《从军行》诗之七，诗中用夸张性语言描述盛唐时期唐军边防将士戍守玉门关的艰险生活：玉门关地处几千重山嶂护卫之中，它北面与南面的山峰都设有传递边情的烽火台。戍边将士总是依靠很远地方传递来的烽火了解边情，在山下沙漠、戈壁中巡逻骑兵之马踩的足迹业已被沙尘埋没了。这首以边塞马足迹落款的边塞诗，既深刻反映了戍守玉门关将士的艰险生活，又突出描述了盛唐时期实行边塞军事防御为主策略的概况。

唐中期，还有一首名为《哥舒歌》的民歌流传至今，歌词云："北斗七星高，哥舒夜带刀。至今窥牧马，不敢过临洮。"这首中唐民歌大意是说：北斗星高挂天空、照亮边塞之地，边防将领哥舒翰佩带着军刀在深夜巡逻。强盛的西北吐蕃只能在夜晚窥视唐军，再也不敢越过哥舒翰防守的洮阳郡地方。这首民歌表明，哥舒翰率领的是一支骑兵部队，在白天这支部队的战马被士兵骑着巡逻，到了夜晚战马才有机会吃草，说明战马是非常辛劳的。

五代时期敦煌人张厶乙，在《龙泉神剑歌》诗中描述金山国皇帝与其战马云："三军壮，甲兵兴，万里横行河湟清。……金风初动虏兵来，点觑干戈会将台。战马铁衣铺雁翅，金河东岸阵云开。……左右冲口搏虏尘，匹马单枪阴舍人。前冲虏阵浑穿透，一段英雄远近闻。前日城东出战场，马步相兼一万强。"这是一首主要描述五代时期敦煌金山国步骑将士征战、保卫国土的较长诗篇，在此仅节选了与战马有关的诗句。这几句诗大意说：金山国军队兵多马壮、战斗力强，曾横行河湟地区，打败了虏人。……秋季刚刚来临虏兵就来攻打，仓促间召集兵马于点将台前。骑着战马和穿着铁甲的将士如大雁展翅般把队伍摆开，立刻在金河东岸形成了军阵。……左、右两翼将士与虏人展开了生死搏斗，"阴舍人"单枪匹马出现于军阵。他奋勇向前从混乱虏阵中间穿过，从此他的英雄事迹远近闻名。这些诗句把金山国将士奋勇作战、保卫国土的精神描述得细致、生动，并把他们战马的功劳也作了客观描述。

宋代著名诗人黄庭坚《启至大寨，闻擒鬼章，捷书上奏，喜而为诗》诗云："千仞溪中石转雷，汉家万骑捣虚回。定知献马番雏入，看郎称觞都护来。"这首诗大意是说：千仞之溪中巨石相撞发出雷鸣般的声响，宋朝由万马组成的骑兵乘虚击败鬼章凯旋而归。这次大捷势必迫使吐蕃人向朝廷贡献名马，到时民众就可举着酒杯欢迎"都护"官种谊回来了。很显然，这首诗以溪中巨石相撞所发出的雷鸣般声响，来比喻由万马组成的骑兵凯旋的盛大声势；用蕃人的献马来比喻骑兵所获得的重大胜利。这首诗把战马在战争中的作用充分展示出来了。

清代方正瑗《嘉峪关登筹边楼时宁远查大将军入觐》诗云："揽辔平生微有志，筹边万里愧有才。遥闻戍楼传呼急，内召将军拨马回。" 这是一首描写志在建立边功的宁远查大将军的诗。诗说：宁远查大将军有志于骑着战马建立保边战功，虽已筹边万里之地，但因缺乏才干而未能如愿。远远听见从戍边楼传来急促地传呼声，受朝廷急召宁远查大将军有所失意地骑着战马回京朝觐皇帝去了。

清代施补华《出嘉峪关作》诗云："健儿佩弓刀，骏马施鞍勒。问君将何之？遥遥温宿国。"这首诗是说：勇健的骑兵将士佩带着作战用的弓和刀，雄健的战马也已备好了鞍帐和笼头。请问将士们出征何地？回答说要去驻防遥远的温宿国（今新疆阿克苏附近）地方。这首描写骑兵将士即将奔赴遥远温宿地方之诗，也把战马即将奔赴战场时的形象和佩戴进行了详尽描述，这自然凸显了战马在戍边中的重要作用。

清代甘州人陈宏德有一首《张掖怀古》诗，这里选的是前四句，其中是："汉家事业表千秋，张掖勋多万户侯。战马嘶残关外月，鼓声催破塞中愁。"这首怀古诗，用赋诗的方式回顾了历史上张掖地区奋勇征战英雄的事迹，同时描述了清代将士在关外骑着嘶鸣的战马在月下长时间鏖战，而关内将士击鼓操练即将出征的情景。

以上众多不同历史时期与甘肃大地有关的边塞诗，都是将边塞将士和他们的战马作为主体进行赞颂。如果我们对上述边塞诗作深入品味，可以从中看出：不论将士戍守边塞，还是征战沙场，他们都与雄健的战马生死不离，足见边塞将士都是与他们的战马共同建立戍边丰功伟绩的，自然都应该受到高度赞颂。

（三）诗赞邮驿马

在古代，马曾是边疆与内地之间传递信息和运输物资所依赖的主要交通工具之一，历来被称作"驿骑"。"驿"是古代交通道路上的驿站，作为官员和驿卒往来住宿、换乘驿马的处所。但若留意"驿"字就可从中看出马在古代邮驿、传递讯息过程中的重要性。在我国古代，不少诗人作了较多与甘肃有关并带有"马"字的邮驿诗，而且众多邮驿诗读起来脍炙人口。

王维在他的诗作《陇西行》中写到："十里一走马，五里一扬鞭。都护军书至，匈奴围酒泉。关山正飞雪，烽火断无烟。"这首诗大意说：驿卒跨上驿马不多时就奔走了十里之地，一扬鞭策马，马就能奔走五里之地；这原来是为"都护"传送军书的，因为匈奴（此处"匈奴"疑为某一民族的代称）军队包围了酒泉城；关山地方正在降的大雪，隔断了陇右的烽烟与战火。很显然，这首诗客观反映了边塞军情告急，西北边塞重镇酒泉已经被敌军重重围困，途中驿卒跃马扬鞭，"十里"、"五里"的路程便风驰电掣般一闪而过的情景。

唐朝边塞诗人岑参曾写过一首《初过陇山途中呈宇文判官》的诗。这首诗写道："一驿过一驿，驿骑如流星。平明发咸阳，暮及陇山头。……沙尘扑马汗，雾露凝貂裘。……马走碎石中，四蹄皆血流。"这首诗是作者随高仙芝赴安西路经陇山时而作，当时宇文判官也随行。

在古代，传递官府文书、军令都使用良马，正如诗中所述，驿骑好似天上的流星一般，流星划过天际的速度很快，一瞬而逝。驿卒乘驿马，清晨自咸阳出发，黄昏就已经到达了陇山之巅，可见驿马速度之快。西北边塞地区的沙漠漫漫，晚风四起，漫黄的沙尘扑向行人和马匹，马在行军途中累的都流出了汗水，沙尘粘在马汗上面，巍巍陇山高入天际，要想顺利翻越并非易事。战马都显得疲惫劳顿，连耐力极强的马都疲累成这样，面对西北风沙的吹打，行军将士疲惫狼狈不堪的身影浮现在我们读者眼前。行军途中的生活真是无比艰险。"马走碎石中，四蹄皆血流"，戈壁碎石和漫漫无际的黄沙，烈日炙烤着荒漠，马的硬蹄在这样的地表上行走，十分坚硬的马蹄都渗出了血迹。既然马成这样的情形，那么人的状况又会是怎么样呢？行军的士卒们的肉脚更是不能再用更多语言描述，那种痛苦难耐的感受虽然没有直面写出，可是通过直述马这种无言惨痛的遭遇，突出了西北边塞地区行军人员不为私利，一心报国的豪情壮志。

清代甘州人冯世和的《塞下曲》诗云："天兵已过望乡台，知是楼兰走不开。一骑红尘关外到，无人不说捷书来。"此诗中的"一骑红尘关外到，无人不说捷书来"二句，写的是清军平定新疆回部之乱，重新统一新疆，送捷报的驿骑快速跑来关下，扬起一串红色尘土，使关内的人们自然就想到驿骑送来了胜利的捷报。

（四）诗赞丝路马

古代甘肃境内的丝绸之路，有些路段是沙漠戈壁，有些路段是高山峡谷，有些路段是险关要塞，也有些路段却是绿洲城镇，这种漫长而又充满艰辛的丝绸之路，都是中原与西域间相互往来的必经之地。古代通行在丝绸之路上，有的人骑马，有的人坐马车，也有人步行。众多的诗人通行在丝绸之路上时，曾即兴赋诗抒发自己的情感，描述丝路沿途的风光，自然少不了对自己的亲密伙伴马的描写。

马在丝绸之路上的作用十分重要，特别是对于远行的人来说，马自然成了必须依仗的脚力和交通运输工具。对于远游的人、特别是对于穿梭于丝绸之路上的商人和游客来说，马更是必不可少的。古代从中原来到到西北边塞的人，除了出征的将士和游历之人外，还有许多因仕途不顺利而惨遭贬斥的官员。这些人大多心情抑郁，但他们在西北边陲仍然怀抱着自己的政治理想，为了报效国家，战死沙场也在所不惜。

北魏温子升《凉州乐歌》诗云："远游武威郡，遥望姑臧城。车马相交错，歌吹日纵横。"凉州在汉武帝元朔三年时（前 126 年）初置，南北朝时凉州武威郡为北魏的辖区，北魏当时将凉州治所移于姑臧城（即今武威市凉州区）。在凉州武威郡境内，水草肥美，农牧业发达，社会一派繁荣气象，凉州也成了丝绸之路上繁华的通都大邑。这首诗的大意，是说作者远游武威郡，远远地就看见了姑臧城，入城后看见街上人来人往，车马熙熙攘攘，整天都有歌舞乐声响彻街市。这首短诗把边塞城市姑臧生活的繁荣富庶展现在了读者眼前。

隋唐时期的来济，曾是被贬的官员，他在被贬时也从丝绸之路去往庭州，并作了一首《出玉关》诗，诗中写道："敛辔遵龙汉，衔凄渡玉关。今日流沙外，垂涕念生还。"从诗中可以看出，玉门关外在当时为重要的屯兵之地，凡中原去西域之人都需经丝绸之路通道阳关或玉门关。这首诗是作者被贬为庭州刺史时，路过玉门关时所作，大意是说：收拢马的缰绳快速行进，怀着凄凉的心情走出玉门关。在关外流沙之地远行，心里还想着能够活着回到故乡。诗人所骑之马似乎也和诗人的心境一样低沉，也不愿离开故土，行走在边关之地步履缓慢，结果被主人拉紧缰绳促其快走。马虽然无言，但此时在边关荒凉环境与自己的主人心情是一样的。"垂涕念生还"这句诗，表达了马的主人坚定的信念，以此来彰显作者誓死报国的决心。

唐朝诗人王昌龄在《山行入泾州》诗中写道："倦此山路长，停骖问宾御。林峦信回惑，白日落何处。徙倚望长风，滔滔引归虑。微雨随云收，蒙蒙傍山去。西临有边邑，北走尽亭戍。泾水横白烟，州城隐寒树。所嗟异风俗，已自少情趣。岂伊怀土多，触目忻所遇。"这首诗大意是说：诗人王昌龄西行一直乘坐马车，颠簸在漫长的崎岖山路上，使人难免感觉到疲倦困乏，让车夫停下三匹马拉的车，稍事休息。茂密的山林和层叠的山峦交错参差，给人以迷惑的感觉，太阳被树木的浓荫严实地遮住，使行人迷失了山峦行路的方向。靠在车边看着风吹树木的摆动，树摇水流使得行人心里更加心神不安。天空云雾缭绕，雨濛濛在下，山中烟雾弥漫，雨后山林美景使诗人的心头还存有浅浅的愁绪。站在山上，陇右美景若隐若现地出现在眼前。站在山林之中，往西走可以看见边塞的城镇，往北走有边卒居住的亭堡，远远地望见泾河的水在雨后好似弥漫着浓浓的白色烟雾，泾州城也被浓密的树荫所笼罩遮蔽，从远处看去，仿佛被完全笼罩一般。来到远离中原故土的西北边塞之地，听到了好多异地情怀的风俗趣闻，离开故土这么久了，难免思念家乡，可是面对眼前河陇大地上如此多的新奇的事情，也算是对自己的内心有所安慰了。

（五）诗赞民间马

在中国历史上，民间所养马被诗所赞颂者较为少见，而甘肃地区的民间马入诗者那就更为罕见了，不过事实上也不是绝无仅有。现在我们发现了几首对甘肃民间所养马赞颂之诗，读后深感难以忘怀，故从马的角度对诗予以解读：

从历史上流传下来一首匈奴民歌，歌词说："失我焉支山，令我妇女无颜色。失我祁连山，使我六畜不蕃息。"这首民歌大意是说：我们匈奴人丢失牧草繁茂的焉支山，使我们匈奴妇女脸上不再有笑容。我们匈奴人丢失牧草繁茂的祁连山，将使我们的各种牲畜不再兴旺发达。若从这些歌词看，西汉与匈奴争夺祁连山地区牧场，匈奴遭到失败，致使匈奴人丧失了牧草优良的广阔牧场，这对他们以后发展包括养马在内的畜牧业受到了很大限制，所以匈奴人的心情非常悲痛。

中唐人韦应物《调笑令》诗云："胡马，胡马，远放燕支山下。跑沙跑雪独嘶，东望西望路迷。路迷，路迷，边草无穷日暮。"这首诗专门描写在山丹燕支山下草原放牧的少数民族的马。诗中的马，生活在草原上自由自在，无拘无束，有时奔跑在沙地、雪地上，有时独自嘶鸣、东张西望，如此景象在无边无际的燕支山草原天天重现到日暮。

诗圣杜甫，因"安史之乱"爆发，曾携眷属西行到秦州。他在秦州居住了三个月，后经铁堂峡赴同谷(今成县)，然后再前往四川成都。他途中写下了著名诗篇《铁堂峡》，诗中云："山风吹游子，缥缈乘险绝。峡形藏堂隍，壁色立积铁。径摩穿苍蟠，石与厚地裂。修纤无垠竹，嵌空太始雪。威迟哀壑底，徒旅惨不悦。水寒长冰横，我马骨正折。生涯抵弧矢，盗贼殊未灭。飘蓬逾三年，回首肝肠热。"

这首诗主要运用对比的写法，即通过对"铁堂峡"险峻形势的描写，来说明他本人在人生道路上屡次遭受的不幸。杜甫生逢乱世，恰在逃难途中，驮运行囊、不离不弃的忠实伙伴马，因"水寒长冰横，我马骨正折"即马的受伤，使杜甫感到十分痛心，更使他的心灵受到了一次沉重打击。

清代人张珆美《黄羊秋牧》诗云："一线中通界远荒，长川历历抱西凉。草肥秋色嘶蕃马，雾遍山原拥牧羊。"这是一首描写武威黄羊河沿岸草原上蕃族的马和羊的诗。诗中说：一条长长的黄羊河既把辽阔的草原分开，又把西凉城围抱住了。在秋草肥美的黄羊草原上蕃族马发出嘶鸣，遮天蔽地的烟雾把原野上吃草的羊群簇拥着。这首诗把秋天肥美的武威黄羊草原上吃草、嘶鸣的蕃族马群描写得颇为生动，不由得令人产生对黄羊草原美景的喜爱。

清代甘州人任万年在《祁连积雪》诗中云："野老采樵依雪窟，羌人牧马宿毡庐。披裘六月还嫌冻，犹笑三冬冷不如。"这几句诗大意是说：一个在祁连山区砍柴的山村老人为防冻躲藏在被雪包围着的山洞中挨冻，而牧马的藏族牧人却住在地面上的毡帐中生活。砍柴老人在大热的六月天穿着皮袄还嫌冻，却又笑着说深冬的冷还没有这么冻，可是藏族之马群，还在祁连山草原上自由自在地吃着牧草。

后　记

　　《陇马史话》，是一本依据文献、考古、网络资料和民间传说撰写而成的普及性读物。它较为充分地采收和反映了甘肃地区距今一千多万年以来，尤其近三千多年来各种马的资料及名马的故事。历史上的甘肃地区，自然环境优劣相兼，各少数民族长期游牧于草原地区，加之地处古代战略地位重要的西北边疆，这些都为马的牧养和名马的涌现提供了客观条件。

　　在甘肃地区的历史上出现过无数的马，其中有化石马、岩画马、墓画马、石刻马、砖雕马、陶制马、铜铸马、彩绘木马、神话马、民间马、官府马、军马、汗血宝马、互市马、野马和诗中马等等。在这众多种类马中，马类化石珍贵资料在甘肃境内的出土，大大提高了甘肃在世界上的知名度；墓画马和砖雕马腾空奔跑的姿势，几乎与武威铜奔马奔跑姿势如出一辙，这当是那个时代天马形象的再现；在各种马中为数不少的名马，其脍炙人口的故事，读后使人内心激动不已；"普氏野马"这一远古马的活化石至今仍繁衍在甘肃土地上，使我们倍感骄傲；少数民族的马在赛马场上所展现风采，看后使人精神为之振奋；在古诗中的汗血宝马、边塞马、丝路马、邮驿马和民间马，它们所参与创造的历史，由诗句展现出来使读者身临其境。当我们了解到自古以来甘肃大地上马的这些珍贵资料，进而大胆断言"甘肃大地曾是一个马的国度"也不为过。在历史上，甘肃的马虽然很多，然而所保存下来的资料却很有限，尤其名马的系统资料更为缺乏。有鉴于这种情况，我们很难向广大读者献上一本资料十分丰富的佳作。

在此之前，国内有关甘肃马的资料实属不少，但颇分散，尚无全面、系统研究和介绍甘肃马的著作及相关资料面世。这对我们写一本通俗读物，还是有一定难度的。当初在策划本书结构等问题时，由于所掌握资料不多，拟写问题可分为哪几部分心里无数。在开始撰稿以后，接触的资料越来越多，当初设想的八个问题已经容纳不了，结果就增加到了十一个问题，到了定稿阶段又觉得不够完整，所以便增加到了十三个问题。这说明这本通俗读物是逐渐补缀而成的。

这本普及读物，其中主要内容除查阅历史文献外，另有相当部分参考和吸收了学界已发表成果及网上资料，我们没有多少创造。根据甘肃人民出版社统一规定，尚未对所征引资料出处一一作出注释，故在此处将正史文献以外主要资料来源予以概述：《西北民族文献与历史研究》、《魏晋十六国河西社会生活史》、《伏羲庙志》、《历代咏陇诗选》、《河西诗选》、各县县志、各县史话、互联网上有关甘肃省马的部分资料等。

这本书是由西北师范大学的四位师生共同撰写完成的，先后用去约一年多时间，其中侯丕勋负责策划、统稿，撰写前言、后记以及第三、四、六、八、十、十一、十二题；魏军刚撰写第六、七、十题；侯强撰写第二、五、九题；王志达撰写第一、十三题。

作　者

2015 年 3 月 1 日